安徽省电网大气腐蚀等级地图

张 洁 李坚林 主编

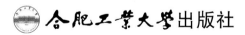

合肥工业大学出版社

图书在版编目(CIP)数据

安徽省电网大气腐蚀等级地图/张洁,李坚林主编.—合肥:合肥工业大学出版社,2022.9

ISBN 978-7-5650-6070-0

Ⅰ.①安… Ⅱ.①张…②李… Ⅲ.①输配电设备—大气腐蚀—分布图 Ⅳ.①TM7-81

中国版本图书馆 CIP 数据核字(2022)第 175754 号

安徽省电网大气腐蚀等级地图

张　洁　李坚林　主编

责任编辑	张择瑞	
出版发行	合肥工业大学出版社	
地　　址	(230009)合肥市屯溪路 193 号	
网　　址	www.hfutpress.com.cn	
电　　话	理工图书出版中心:0551-62903204	
	营销与储运管理中心:0551-62903198	
开　　本	710 毫米×1010 毫米　1/16	
印　　张	6.5	
字　　数	81 千字	
版　　次	2022 年 9 月第 1 版	
印　　次	2022 年 9 月第 1 次印刷	
印　　刷	安徽联众印刷有限公司	
书　　号	ISBN 978-7-5650-6070-0	
定　　价	48.00 元	

如果有影响阅读的印装质量问题,请与出版社营销与储运管理中心联系调换。

编　委　会

序　言

　　安徽省地跨长江、淮河南北,新安江穿行而过,东西宽约 450 公里,南北长约 570 公里,辖境面积 14.01 万平方千米。近年来,安徽经济快速发展,工业化和城市化进程不断加快,大气污染不可忽视。大气腐蚀是导致电网设备生锈乃至失效的主要原因,大气腐蚀的严重程度受到环境因素及污染源等影响,往往地区性差异较大。而我们的电网设备防腐设计却是统一的,因此就会出现在大气腐蚀严重的区域、电网设备提前失效的情况。针对这一问题,最好的解决方法就是建立电网大气腐蚀等级分布图,根据各地大气腐蚀特点进行差异化地设备防腐设计及选型。

　　正因为此,国网安徽省电力有限公司着手开展全省电网区域大气腐蚀试验调查研究,综合地理、气象及大气污染物数据等因素,通过标准金属试片的大气现场暴露,积累大气环境腐蚀基础数据,绘制全省各地市电力设备大气腐蚀等级分布图,并借此指导各地市电力公司制定差异化防腐措施,确保电力设备的安全稳定运行,具有重要意义和价值。

　　本书共 5 章,其中,第 1 章为金属大气腐蚀简介,主要包括大气腐蚀的分类、大气腐蚀的影响因素等;第 2 章是大气腐蚀试验,主要包括大气腐蚀试验选点、大气腐蚀试验现场准备、大气腐蚀样片测试等;第 3 章为电网腐蚀等级地图绘制,包括绘制原理、数据检验等;第 4 章为安徽省电网大气腐蚀等级地图使用建议,包括不同材质金属材料选用、防腐施工及维护的建议等;第 5 章为 16 个地市不同金属材料电网腐蚀等级地图。本书地图来源于全国地理信息资源目录服务系统,网址:https://www.webmap.cn/main.do?method=index。备案号:京 ICP12031976 号 - 1;审图号:GS(2016)2556 号。

由于水平所限,书中难免存在不足之处,敬请各位读者批评指正。

编　者

2022 年 5 月

目　　　录

第 1 章　大气腐蚀简介

1.1　引　言

暴露于大气环境中的金属材料及其零部件,因大气环境因素的作用,导致变质或破坏的现象称为大气腐蚀。大气环境随着地理位置的不同和人们工农业生产、生活等人类活动情况的变化而变化,因而,不同地域的腐蚀环境也不同。按照温度、湿度、大气成分及工业化程度等因素,可将大气环境大致分为以下四类:①内陆乡村环境。该环境大气中的 SO_2 和 NaCl 等强蚀性成分含量较低,主要大气腐蚀因素为水分、微生物、O_2、CO_2 和大气粉尘,对金属腐蚀性较低。②工业大气环境。不同的工业种类,空气中硫氧化合物或氮氧化合物含量较高,而氯化物含量较低,粉尘含量也较高,空气呈酸性,出现雨雾气候时腐蚀加剧。③海洋环境。空气湿度大,氯化物含量高,一般在沿海和岛屿地区,盐湖周边也会有类似的大气环境。④沿海工业环境。综合了②、③腐蚀环境的高湿度、高粉尘、高侵蚀离子的特征,是对金属腐蚀程度最大的大气环境,工业污染物和氯化物含量都很高。

统计表明,大约 80% 的金属部件在大气环境下工作,大气腐蚀导致金属失效所造成的损失约占国民经济总产值的 2%。如果因此而造成生产或安全事故,所造成的损失更是不可估量,应引起相关部门的高度重视。

1.2 大气腐蚀分类

大气腐蚀一般可分为如下三大类:①干态大气腐蚀。干燥空气环境中,金属表面不存在液膜层时的腐蚀。②潮态大气腐蚀。相对湿度较高,金属表面生成一层肉眼看不见的液膜层时发生的腐蚀。③湿态大气腐蚀。相对湿度很高,在金属表面形成一层肉眼可见的凝结水膜时所发生的腐蚀。

湿态大气腐蚀情况下,金属的腐蚀过程在可见的液膜下进行,与其沉浸在电解液中的电化学腐蚀相同,并且还伴有局部微电池腐蚀。这种情况下的腐蚀速率要比其在干态大气中的腐蚀速率高几个数量级。在潮态大气腐蚀情况下,O_2可穿透液膜到达液膜和金属的界面处,因而金属腐蚀速率更快。所以金属的大气腐蚀实质上就是薄液膜下的电化学腐蚀。

1.3 大气腐蚀研究方法

(1)现场暴露试验。大气腐蚀研究最常用的试验方法就是自然环境下的暴露试验,一般有室内和户外暴露试验两种形式。大气暴露试验能反映现场实际情况,数据较为可靠,但试验区域性强,周期长。

(2)室内加速试验。主要包括盐雾试验、湿热试验、干湿周浸循环试验、多因子循环复合腐蚀试验、周期喷雾复合腐蚀试验等,广泛用于开展模拟大气腐蚀的加速试验研究。

(3)电化学法。主要包括电化学噪声法、极化测量法和阻抗测量法、大气腐蚀监测电池以及 Kelvin 探头参比电极技术等,具有较高的分辨率和稳定性,且易于标定。

第2章 大气腐蚀试验

大气腐蚀试验通常有两种方法:现场暴露试验和室内加速试验,前者能更好地反映现场实际情况,数据也更可靠。本书针对一年周期的现场挂片大气暴露腐蚀试验,通过在安徽省不同地域选点、试片投放、回收和后期分析,获取金属腐蚀速率数据,用以绘制安徽省电网大气腐蚀等级地图。

2.1 选 点

根据安徽省地域特点和大气腐蚀试验相关标准的要求,现场试验点选取原则如下:①为保证大气腐蚀地图的完整性和准确性,安徽省电力有限公司所属各地市公司,对其覆盖区域进行均匀布点,站密度不少于 0.001 个/平方千米,布点位置在覆盖区域的中心部位的变电站内,要求各地市公司最少不低于 10 个投样点。②500 kV 及以上的变电站全部投样选点。各个地市公司 220 变电站选点比例不得低于所管辖区域的 220 变电站个数的 30%。③对腐蚀情况严重(如重工业及工矿地区、沿江沿淮地区等)地市公司进行重点布点,保证沿淮、沿江等重腐蚀地区布点。④为保证方案实施的可操作性,投样点选址在变电站内。试验点内保证空气流通,阳光不受遮挡;周围障碍物至暴露场边缘的距离至少是该障碍物高度的 3 倍以上。⑤试验点的大气环境应避免突发性的或意外性的污染;试验点应有预防自然灾害和失窃的措施,保证试样的安全。

根据上述原则,确定现场暴露试验各个地市选点数量及分布分别如表 1-1 及图 1-1 所示。

表 1-1　各地市地域腐蚀特点及试验选点数量

地市	面积/km²	地域腐蚀特点	选点数量/个
合肥	11445	一般腐蚀区域,站点密度适中	14
芜湖	6026	一般腐蚀区域,站点密度适中	10
蚌埠	5952	重腐蚀区域,增加站点布置密度	10
淮南	5571	重腐蚀区域,增加站点布置密度	10
马鞍山	4049	重腐蚀区域,增加站点布置密度	10
淮北	2741	重腐蚀区域,增加站点布置密度	10
铜陵	3008	重腐蚀区域,增加站点布置密度	10
安庆	13590	轻度腐蚀区域,站点密度适中	15
黄山	9807	轻度腐蚀区域,站点密度适中	10
滁州	13398	一般腐蚀区域,站点密度适中	14
阜阳	9775	一般腐蚀区域,站点密度适中	10
宿州	9787	重腐蚀区域,增加站点布置密度	12
六安	14490	轻度腐蚀区域,站点密度适中	15
亳州	8374	重腐蚀区域,增加站点布置密度	12
池州	8271	一般腐蚀区域,站点密度适中	10
宣城	12340	一般腐蚀区域,站点密度适中	12
省检	/	全部站纳入选取站点	28
合计	140000	/	184

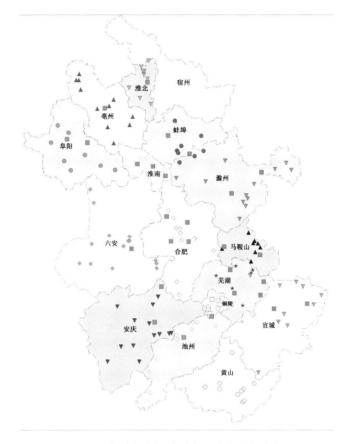

图 1-1　安徽省大气暴露腐蚀试验选点分布图

2.2　现场准备

大气腐蚀试验的现场准备参考 GB/T 14165《金属和合金　大气腐蚀试验现场试验的一般要求》执行。

2.2.1　试验材料及验收

根据电网常见金属部件的选材,本次大气腐蚀试验选取 6 种材料:碳素结构钢(Q235)、低合金结构钢(40Cr)、镀锌钢、H59 黄铜合金、2 系和 5 系铝合金。

对上述所选材料采购并进行统一制备试验样品。取样可剪切和气割,试样的纵向要垂直于轧制方向;同一批试样,其材料规格、化学成分、制造和热处理工艺以及表面状态应相同,最好选用同一生产批号的材料。试验材料的化学成分、机械性能、冶金工艺、表面状态等资料应齐全。

上述 6 种材料在投样之前需进行验收,各种材料的验收原则如下:

Q235:一般要求表面状态为磨光表面,粗糙度 $Ra=3.2\mu m$,其技术指标应符合 GB/T 700 的要求。

40Cr:技术指标符合 GB/T 3077 的要求,试片表面平整、清洁。

镀锌钢:镀锌层连续、完整、光滑,不应有酸洗、起皮、漏镀、结瘤、积锌、锐点等缺陷。镀锌层厚度符合 DL/T 1453 要求的最小平均厚度≥86μm,最小局部厚度≥70μm,基材为碳钢(Q235/Q345)。热浸镀锌用锌锭应达到 GB/T 470 规定的 Zn 99.95 及以上级别要求。参照 DL/T 646,镀锌层耐 $CuSO_4$ 溶液侵蚀次数应不少于 4 次,且不露基体;落锤试验后,镀锌层不应凸起或剥离,镀锌层与金属基体结合牢固。

H59 黄铜合金:化学成分符合 GB/T 5231 的要求,试片表面平整、清洁。

铝合金:技术指标符合 YS/T454 的要求,试片表面平整、清洁。

2.2.2　数量及尺寸

同一周期试验的平行试样数量为 3 个,同时预留 1 个与试验周期相同的空白试样,并放在清洁的干燥器中保存,以备结果评定时比较使用。规定试样尺寸为 150mm×100mm×5mm(长度偏差为±5mm),试样数量需求见表 2-1 所列。

表 2-1 　各种试验材料样片数量表

材质	选点数量/个	试样数量/片
Q235	184	553
镀锌钢	184	553
H59 黄铜	184	553
2 系铝合金	184	553
5 系铝合金	184	553
40Cr	184	553
总计		3318

2.2.3 　试验框架

现场暴露试验框架要求耐腐蚀,可移动,同时对固定在其上的试样无腐蚀作用,选择不锈钢材质。框架应正面朝南放置,样片所在平面与水平面成 45°角,框架最低处与地面的距离不小于 0.75m,避免降雨时水滴从地面溅到试样表面,带来偶然污染。试验框架附近地面平整,草高不超过 20cm;周围不得有影响自然环境条件的设施,如遮挡阳光、风和雨等的建筑物等。

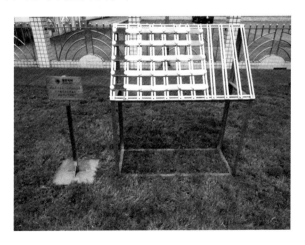

图 2-1 　试验框架及安装

试验样片用塑料螺母直接固定或用塑料垫片加螺母固定,如图 2-1 所示,避免样片受到附加应力作用。样片应分类安装,同一高度样片之间至少应留有 2mm 的间距,保证雨水和腐蚀产物不从样片或框架上滴落、流淌到其他样片表面。

2.3　样片测试

在国网安徽省电力有限公司经营覆盖国土地域内的 183 个站点现场大气暴露腐蚀试验到期一年的 6 种金属材料样片进行回收后,开展样片外观观察、腐蚀产物清除及腐蚀速率测定等工作。

2.3.1　外观观察

针对大气腐蚀试验到期一年的 6 种金属材料样片进行直接观察,确定腐蚀样片是否全部被腐蚀产物覆盖及腐蚀表面的状态、颜色、光泽等,并拍照留存。

2.3.2　腐蚀产物清除

在取样后一个星期内完成样片腐蚀产物的清除。首先用鬃刷刷去样片表面疏松的腐蚀产物,剩下附着牢固的锈层;然后按照 GB/T 16545《金属和合金的腐蚀样片上腐蚀产物的清除》的要求,清除样片表面的腐蚀产物。6 种金属样片大气腐蚀产物的清除方法见表 2-2 所列。

表 2-2　样片表面大气腐蚀产物清除方法

材质	腐蚀溶液	腐蚀时间/min	环境温度/℃
Q235/40Cr	500mL 浓盐酸($\rho=1.19g/mL$)+ 3.5g 六次甲基四胺+ 蒸馏水配制成 1000mL 溶液	10	20～25

（续表）

材质	腐蚀溶液	腐蚀时间/min	环境温度/℃
镀锌钢	250g 乙酸铵＋蒸馏水配制成 1000mL 溶液（饱和溶液）	1～10	20～25
铜合金	50g 氨基磺酸＋蒸馏水配制成 1000mL 溶液	5～10	20～25
铝合金	浓硝酸（$\rho=1.42$g/mL）	1～5	20～25

2.3.3 腐蚀速率测定

清除腐蚀产物后的样片，用流水冲洗，冷风吹干后，称量样片的重量。按如下公式，计算样片的腐蚀速率：

$$V = 365 \cdot (W_0 - W_T)/(S \cdot T \cdot \rho) \qquad (2-1)$$

式中：V——年均腐蚀速率，mm/a；W_0——样片原始重量，g；W_T——去除腐蚀产物后的样片重量，g；S——样片原始表面积，cm²；T——大气腐蚀时间，d；ρ——金属材料样片的密度，g/cm³。

根据 GB/T 19292.2《金属和合金的腐蚀　大气腐蚀性　第2部分：腐蚀等级的指导值》，对照测定的大气腐蚀试验到期一年的6种金属材料样片的腐蚀速率，判定其腐蚀等级。

2.3.4 试验结果

如表2-3所示，大气腐蚀试验到期一年的样片表面光泽、腐蚀产物颜色、腐蚀破坏分布（均匀、不均匀、局部腐蚀等）等特征主要取决于材质，与地区差相关性较低。

表2-3　大气腐蚀样片表面特征

材质	颜色	亮度	光泽度	表面状态
Q235	红褐色	暗	无光泽	粒状
40Cr	红褐色	暗	无光泽	粒状

（续表）

材质	颜色	亮度	光泽度	表面状态
镀锌钢	白色	亮	有光泽	光滑
H59 黄铜	黑褐色	暗	半光泽	光滑
2 系铝合金	白色	亮	有光泽	光滑
5 系铝合金	白色	亮	有光泽	光滑

由表 2-4 可见，安徽省各地市金属材料的腐蚀呈现一定的规律性。总体上，沿江江南工业聚集地区金属样片的腐蚀程度最高，江淮之间次之，皖南、皖北最低。这是因为沿江江南工业聚集地区气温高，空气湿度大，大气中 NO_2 及 SO_2 的浓度较高，金属样片的腐蚀程度高；皖南地区虽然温度、湿度高，但大气中 NO_2 及 SO_2 的浓度低，皖北地区大气中的 SO_2 的浓度高，但年平均温度、湿度低，因而，金属材料的腐蚀程度低。可见，大气腐蚀样片的腐蚀程度主要受温度、湿度与 NO_2、SO_2 的影响。

从材质上，40Cr 与 Q235 钢的腐蚀速率最大，40Cr 的腐蚀速率明显高于 Q235，镀锌钢的腐蚀速率较碳钢和低合金钢低 20～100 倍。H59 黄铜的腐蚀速率略大于镀锌钢，2 系及 5 系铝合金的腐蚀速率最低。

表 2-4　安徽各地市一年期腐蚀样片的平均腐蚀速率

地市	平均腐蚀速率/$(\mu m/a)$					
	Q235	40Cr	镀锌钢	H59	2 系铝	5 系铝
合肥	27.45	24.36	0.28	0.54	0.12	0.06
芜湖	27.42	27.3	0.4	0.62	0.2	0.21
马鞍山	26.51	23.21	0.4	0.76	0.06	0.04
铜陵	27.54	30.04	0.41	0.62	0.02	0.04
宣城	28.61	36.36	0.48	0.55	0.09	0.11
宿州	19.68	21.43	0.3	0.47	0.14	0
淮南	22.26	24.32	0.24	0.52	0.04	0.03

（续表）

地市	平均腐蚀速率/(μm/a)					
	Q235	40Cr	镀锌钢	H59	2 系铝	5 系铝
淮北	21.53	20.23	0.25	0.52	0.06	0.04
六安	21.32	20.8	0.51	0.46	0.06	0.05
黄山	19.18	20.48	0.51	0.46	0.09	0.06
滁州	22.91	24.22	0.38	0.59	0.06	0.04
阜阳	19.51	22.6	0.42	0.44	0.08	0.02
池州	30.11	29.41	0.84	0.54	0.21	0.01
亳州	20.02	18.35	0.28	0.48	0.14	0.03
安庆	23.36	25.92	0.44	0.54	0.04	0.01
蚌埠	23.88	22.78	0.35	0.61	0.01	0.03

表 2-5　安徽各地市一年期腐蚀样片的大气腐蚀等级

腐蚀级别	单位	碳钢	锌	铜合金	铝合金
C1	$g \cdot m^{-2} \cdot a^{-1}$	$\gamma_{corr} \leqslant 10$	$\gamma_{corr} \leqslant 0.7$	$\gamma_{corr} \leqslant 0.9$	极微量
	$\mu m \cdot a^{-1}$	$\gamma_{corr} \leqslant 1.3$	$\gamma_{corr} \leqslant 0.1$	$\gamma_{corr} \leqslant 0.1$	—
C2	$g \cdot m^{-2} \cdot a^{-1}$	$10 < \gamma_{corr} \leqslant 200$	$0.7 < \gamma_{corr} \leqslant 5$	$0.9 < \gamma_{corr} \leqslant 5$	$\gamma_{corr} \leqslant 0.6$
	$\mu m \cdot a^{-1}$	$1.3 < \gamma_{corr} \leqslant 25$	$0.1 < \gamma_{corr} \leqslant 0.7$	$0.1 < \gamma_{corr} \leqslant 0.6$	—
C3	$g \cdot m^{-2} \cdot a^{-1}$	$200 < \gamma_{corr} \leqslant 400$	$5 < \gamma_{corr} \leqslant 15$	$5 < \gamma_{corr} \leqslant 12$	$0.6 < \gamma_{corr} \leqslant 2$
	$\mu m \cdot a^{-1}$	$25 < \gamma_{corr} \leqslant 50$	$0.7 < \gamma_{corr} \leqslant 2.1$	$0.6 < \gamma_{corr} \leqslant 1.3$	—
C4	$g \cdot m^{-2} \cdot a^{-1}$	$400 < \gamma_{corr} \leqslant 650$	$15 < \gamma_{corr} \leqslant 30$	$12 < \gamma_{corr} \leqslant 25$	$2 < \gamma_{corr} \leqslant 5$
	$\mu m \cdot a^{-1}$	$50 < \gamma_{corr} \leqslant 80$	$2.1 < \gamma_{corr} \leqslant 4.2$	$1.3 < \gamma_{corr} \leqslant 2.8$	—
C5	$g \cdot m^{-2} \cdot a^{-1}$	$650 < \gamma_{corr} \leqslant 1500$	$30 < \gamma_{corr} \leqslant 60$	$25 < \gamma_{corr} \leqslant 50$	$5 < \gamma_{corr} \leqslant 10$
	$\mu m \cdot a^{-1}$	$80 < \gamma_{corr} \leqslant 200$	$4.2 < \gamma_{corr} \leqslant 8.4$	$2.8 < \gamma_{corr} \leqslant 5.6$	—
CX	$g \cdot m^{-2} \cdot a^{-1}$	$1500 < \gamma_{corr} \leqslant 5500$	$60 < \gamma_{corr} \leqslant 180$	$50 < \gamma_{corr} \leqslant 90$	$\gamma_{corr} > 10$
	$\mu m \cdot a^{-1}$	$200 < \gamma_{corr} \leqslant 700$	$8.4 < \gamma_{corr} \leqslant 25$	$5.6 < \gamma_{corr} \leqslant 10$	

　　参照 GB/T 19292.2,以不同金属暴露第 1 年的腐蚀速率进行环境腐蚀性分类见表 2-5 所列,对照表 2-4 的安徽各地市一年期不同金属样片的平均腐蚀速率,判定铝合金的腐蚀程度很低,平均腐蚀等级为 C1、C2 级,其余金属材料的腐蚀等级均为 C2、C3 级,结果见表 2-6 所列。

表 2-6 安徽各地市一年期腐蚀样片的腐蚀等级

地市	腐蚀等级					
	Q235	40Cr	镀锌钢	H59	2 系铝	5 系铝
合肥	C3	C2	C2	C2	C1	C2
芜湖	C3	C3	C2	C3	C2	C2
马鞍山	C3	C2	C2	C3	C2	C1
铜陵	C3	C3	C2	C3	C1	C1
宣城	C3	C3	C2	C2	C2	C2
宿州	C2	C2	C2	C2	C2	C1
淮南	C2	C2	C2	C2	C1	C1
淮北	C2	C2	C2	C2	C2	C1
六安	C2	C2	C2	C2	C2	C2
黄山	C2	C2	C2	C2	C2	C2
滁州	C2	C2	C2	C2	C2	C1
阜阳	C2	C2	C2	C2	C2	C1
池州	C3	C3	C3	C2	C2	C1
亳州	C2	C3	C2	C2	C2	C1
安庆	C2	C3	C2	C2	C1	C1
蚌埠	C2	C2	C2	C3	C1	C1

第 3 章　腐蚀等级地图编制

3.1　原　理

安徽省大气腐蚀等级地图的编制是根据各站点金属样片的腐蚀速率,进行腐蚀等级评定,再采用克里金插值法预测安徽省行政地图上任一点的腐蚀等级,从而生成一个连续的腐蚀等级平面分布图。

假定行政地图上各点处的金属材料腐蚀速率在地理平面上存在一定联系,可基于克里金插值法建立相应的算法或模型,以各站点金属材料的腐蚀速率为初始赋值,计算、预测行政地图上各点处的金属材料腐蚀速率。克里金插值法的理论基础为地理学第一定律,即邻近事物比远处事物更相似。其核心思想为,在一定距离范围内,两点属性值差异性(不相关性)与距离正相关。据此,通过建立如下的半变异函数,定量描述地理学第一定律。

假设在某一地理平面点 (x_i, y_i) 的某一属性,如腐蚀速率(等级),为 $Z(s_i) = Z(x_i, y_i)$,则:

$$\hat{Z}(s_0) = \sum_{i=1}^{N} \lambda_i Z(s_i) \qquad (3-1)$$

式中:点 $s_0(x_0, y_0)$ 的属性 $Z(s_0) = Z(x_0, y_0)$,$\hat{Z}(s_0)$ 是点 (x_0, y_0) 处该属性的估计值。λ_i 是权重系数,即用地理平面上所有已知点($i =$

$1,2,3,\cdots,N)$ 的属性加权求和来估计未知点的属性,是满足点 $s_0(x_0,$ $y_0)$ 的误差 $\mathrm{var}(\hat{Z}(s_0)(s_0)-Z(s_0))$ 最小条件的一套最优系数,也称为最优线性无偏估计。为得到该 λ_i 数组,建立如下的矩阵式:

$$
\begin{bmatrix} \gamma_{11} & \cdots & \gamma_{1N} & 1 \\ \vdots & \ddots & \vdots & \vdots \\ \gamma_{N1} & \cdots & \gamma_{NN} & 1 \\ 1 & \cdots & 1 & 0 \end{bmatrix} \times \begin{bmatrix} \lambda_1 \\ \vdots \\ \lambda_N \\ m \end{bmatrix} = \begin{bmatrix} \gamma_{11} \\ \vdots \\ \gamma_{N0} \\ 1 \end{bmatrix} \qquad (3-2)
$$

式中:ij 为一组地理平面点对,γ_{ij} 为该平面点对的半变异函数。若已知所有点对的半变异函数 $\gamma(s_i,s_j)=\dfrac{1}{2}E\{[Z(s_i)-Z(s_j)]^2\}E\{[Z(s_i)-Z(s_j)]^2\}$($E$ 为期望值)的数值,即可用该矩阵式求出权重系数 λ_i。

半变异函数表达了地理学第一定律中属性的相似度,地理平面相似度用距离来表示:

$$
d_{ij}=\sqrt{(x_i-x_j)^2+(y_i-y_j)^2} \qquad (3-3)
$$

克里金插值法假设 γ_{ij} 与 d_{ij} 存在着函数关系,可以是线性、二次函数、指数或对数关系。为了确认是何种关系,首先需要建立各站点的测量数据集:

$$
\{Z(x_1,y_1),Z(x_2,y_2),Z(x_3,y_3),\cdots,Z(x_{N-1},y_{N-1}),Z(x_N,y_N)\}
$$

计算任意两点的距离 d_{ij} 及其半变异函数 $\gamma(s_i,s_j)$,从而得到 n^2 个 (d_{ij},γ_{ij}) 数据对。将这些数据对绘制成散点图,得到一个最优的 $\gamma\sim d$ 关系拟合曲线及与其相应的函数关系:

$$
\gamma=\gamma(d) \qquad (3-4)
$$

据此,对于任意两点 (x_i,y_i),(x_j,y_j),先计算 d_{ij},再用函数关系式(3-4),计算出所有点对的半变异函数 γ_{ij},将其带回矩阵式(3-2)

中，即可求出一组最优权重系数，最后根据公式（3－1），计算出预测值 $\hat{Z}(s_0)$。

3.2　数据检验

在进行克里金插值前，需要对实验所得腐蚀速率数据进行多项检验，地图绘制软件具有相应的数据检验功能。以大气腐蚀一年期 Q235 样片的腐蚀速率数据为例，说明如下：

（1）不存在异常值。全局异常值可以通过直方图（图 3－1）的首位两端来找，局部异常值可以通过半变异函数云来找。如存在异常值，应去除，插值结果将更准确。

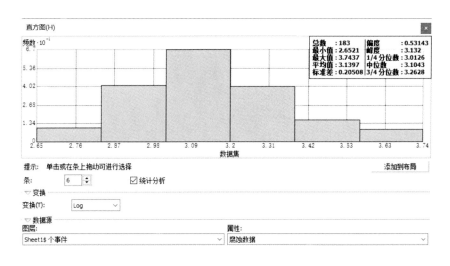

图 3－1　大气腐蚀一年期 Q235 腐蚀速率数据直方图

（2）符合正态分布。克里金插值法并不要求数据正态分布，但是用不服从正态分布的数据插值所得结果未必最佳。可以通过 Box－Cox、对数及反正弦函数变换，得到近似正态分布数据。图 3－2 所示为正态分布 QQ 图检验数据与正态分布符合程度。

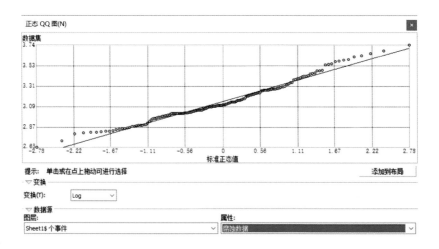

图 3-2　正态分布 QQ 图

　　(3)不存在趋势。克里金插值法依据二阶平稳性假设,在存在趋势的情况下,二阶平稳性假设难以成立。因此,当进行克里金插值时,可以选择移除趋势(图 3-3)。

图 3-3　移除趋势示意图

3.3 插值过程

克里金插值的关键步骤在于建立半变异函数模型,地图绘制软件提供模型自动优化功能,如图 3-4 所示。

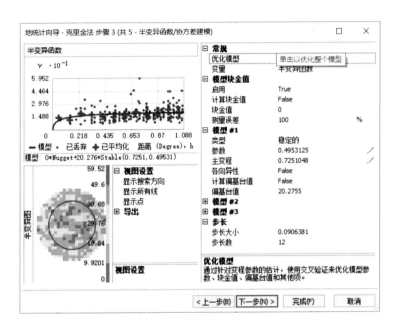

图 3-4 半变异函数建模示意图

设定好所有参数后,使用地图绘制软件生成腐蚀地图,对地图色彩进行调整,并加入图例,完成腐蚀地图编制。

第4章 安徽省大气腐蚀
等级地图使用建议

安徽省大气腐蚀等级地图适用于电力设备金属材料的选用及防腐、防腐施工和防腐维护,可用于电力设备的可研初设、物资采购、到货验收、基建安装、运维检修阶段。为了正确执行和使用安徽省大气腐蚀等级地图,结合安徽电网的实际情况,特制定本使用建议。

4.1 一般规定

输变电工程在规划及设计阶段,应依据大气腐蚀等级地图确定场所的大气腐蚀等级,制定对应的防腐蚀措施,配电工程可参照执行。输变配设备金属材料选材及防腐蚀时,应考虑具体部件的服役环境、所用材质、结构、使用要求、服役年限、施工条件和维护管理等内容。

根据 GB/T 19292.1 的规定,大气腐蚀等级为 C1~C5 和 CX,其中,C1~C3 腐蚀等级环境为一般腐蚀环境,C4 及以上腐蚀等级环境为重腐蚀环境。当设备所在地区 5km 范围内存在如化工、钢铁、火电、焦化、冶金、水泥、平板玻璃、陶瓷、砖瓦、集中供热企业等腐蚀源时,应将相应的大气腐蚀等级提高 1 个等级。

4.2　选材及防腐原则

4.2.1　不锈钢

主要部件涵盖输变配工程中户外密闭箱体、轴销、金具、线夹等。不锈钢的技术指标应符合 GB/T 20878 和 Q/GDW 11717 的要求。一般腐蚀环境使用的不锈钢材质耐蚀性能应不低于 06Cr19Ni10(304)奥氏体不锈钢，在盐雾影响区[氯离子沉降量在 300mg/(m² · d)以上的地区]宜选用耐蚀性能不低于 06Cr17Ni12Mo2(316)奥氏体不锈钢。

4.2.2　铝及铝合金

主要部件涵盖 GIS 壳体、变压器套管、线夹、导线、断路器和隔离开关的传动部件等。

断路器和隔离开关的传动拐臂及连杆，断路器和互感器等设备的接线板及三通阀门材质不应使用 2 系和未经防腐处理的 7 系铝合金；气体绝缘互感器充气接头不应采用 2 系和 7 系铝合金。

4.2.3　铜及铜合金

主要部件涵盖抱箍线夹、变压器套管、线夹、导线、断路器和隔离开关的传动部件等。铜及铜合金的技术指标应符合 GB/T 5231 和 DL/T1425 的要求。在重腐蚀环境中，承载部件不宜选用黄铜材质。

4.2.4　镀锌部件

主要部件涵盖输变配工程中设备支架、角钢塔、钢管杆、金具、线夹等。

(1)热镀锌技术指标应符合GB/T 2694和GB/T 13912中的相关要求。镀层厚度和耐蚀性能要求见表4-1所列。

表4-1 不同大气腐蚀性等级下热镀锌层技术要求

防护镀层	大气腐蚀性等级	构件公称厚度/mm	最小平均镀层厚度/μm	最小局部镀层厚度/μm	耐中性盐雾腐蚀性能/h
热浸镀锌	C1~C3	≥5	86	70	≥720
		<5	65	55	不出现红锈
	C4~CX	≥5	120	100	≥1000
		<5	95	85	不出现红锈
热浸镀锌铝合金	C1~C3	≥5	60	50	≥720
		<5	50	40	不出现红锈
	C4~CX	≥5	80	70	≥1000
		<5	65	55	不出现红锈

(2)电镀锌技术要求如下,封闭箱体内的零部件如采用电镀锌处理,电镀后应进行钝化处理,镀锌层技术指标应符合GB/T 9799的要求。零部件电镀锌不同大气腐蚀性等级下技术要求见表4-2所列。

表4-2 不同大气腐蚀性等级下电镀锌技术要求

防护镀层	大气腐蚀性等级	最小平均镀层厚度/μm	耐中性盐雾腐蚀性能/h
电镀锌	C1~C3	18	≥72 不出现红锈
	C4~CX	25	≥96 不出现红锈

(3)腐蚀等级C5及以上时,或城区C4及以上环境,输电线路杆塔宜选用钢管塔(杆)结构。变电钢管构支架及输电线路钢管塔(杆)宜采用热喷涂Zn-Al15等锌铝合金的防腐工艺,涂层厚度应不低于150μm,且热喷涂表面应进行封闭。

(4)断路器及隔离开关等设备传动部件接触表面若采用镀Cr防腐工艺,镀层厚度应不小于25μm;若采用镀Ni防腐工艺,镀层厚度

应不小于 $12\mu m$。

（5）腐蚀等级为 C4 及以上时,输电线路架空地线宜采用铝包钢绞线或锌铝合金镀层钢绞线;导线宜采用铝合金绞线、铝包钢芯铝绞线或锌铝合金镀层钢芯铝绞线。

4.2.5　防腐涂层

（1）输变配电设备进行涂料防腐涂装前应对设备表面状态及腐蚀程度进行评估。选用涂料时要对涂料的耐蚀性、配套性、安全性和工艺操作性等方面综合考虑。裸钢材或表面有热镀锌、热喷锌的钢构架、机构箱体宜涂覆有机防腐涂层。为确保涂层质量,底漆、中间漆、面漆原则上应由同一家供应商提供。输变电设备防腐涂层厚度应符合设计要求,钢构件表面防腐涂层厚度最小值不得低于 $120\mu m$,铝合金表面防腐涂层厚度最小值不得低于 $90\mu m$,涂层厚度的最大值不能超过设计厚度的 3 倍,且不宜超过 $450\mu m$。防腐涂层附着力应小于等于 1 级(划格法)或大于等于 5MPa(拉开法)。C1～CX 大气腐蚀环境下户外输变配电设备防腐涂层体系推荐方案参见表 4-3。

表 4-3　C1～CX 腐蚀环境输变配电设备推荐涂层配套体系

腐蚀环境	表面状态	图层	涂料品种	推荐道数	最低干膜厚度/μm
C1～C3	锌层基本完好	底涂层	环氧磷酸锌底漆	1～2	60
		中间涂层	—	—	—
		面涂层	丙烯酸聚氨酯面漆	1～2	60
		总干膜厚度			120
C1～C3	镀层泛锈	底涂层	环氧磷酸锌底漆	1	40
		中间涂层	环氧云铁漆	1	50
		面涂层	丙烯酸聚氨酯面漆	1	50
		总干膜厚度			140

（续表）

腐蚀环境	表面状态	图层	涂料品种	推荐道数	最低干膜厚度/μm
C1～C3	带旧漆膜	底涂层	与旧涂层相容的环氧类底漆	1～2	60
		中间涂层	环氧云铁漆	1～2	70
		面涂层	丙烯酸聚氨酯面漆	1	50
		总干膜厚度			180
C4～CX	锌层基本完好	底涂层	环氧磷酸锌底漆	1～2	60
		中间涂层	环氧云铁漆	1	50
		面涂层	丙烯酸聚氨酯面漆	1	50
		总干膜厚度			160
C4～CX	锌层泛锈	底涂层	环氧富锌底漆	1～2	60
		中间涂层	环氧云铁漆	1～2	70
		面涂层	丙烯酸聚氨酯面漆	1	50
		总干膜厚度			180
C4～CX	带旧漆膜	底涂层	与旧涂层相容的环氧类底漆	2	80
		中间涂层	环氧云铁漆	2	80
		面涂层	丙烯酸聚氨酯面漆	2	80
		总干膜厚度			240

（2）配电设备除湿防凝露。

① 户外设备除湿防凝露应利用设备局部密封处理、配合无源除湿措施，设备整体进行通风散热设计，将凝露源头隔绝在设备以外。应充分利用自流平树脂封堵、无源吸湿放湿片、顶板防凝露设计及处理等新技术新材料，防止配网户外设备凝露。

②户外环网箱中环网柜的机构箱、仪表箱整体以及按钮、指示灯、继电器等二次元件应进行密封处理，顶板进行防凝露设计，并配合采用无源型除湿措施。电缆室的防潮可采用环网箱底部增加带通风孔的夹层，将电缆沟道内的湿气通过夹层排出，环网柜底板与夹层之间进行封堵，避免沟道内湿气进入设备内部，同时应考虑内设引弧通道。

③箱式变电站中环网柜应参照以上要求进行防凝露设计。此外，箱式变电站整体设计应考虑变压器室通风散热，基础通风孔的设置应满足内部电弧释放要求；高压室、低压室应进行密封设计，底部电缆采用封堵措施。

4.3　电力设备腐蚀检查

（1）变电站腐蚀评估周期。大气腐蚀等级为 C1～C3 时，宜每 2 年特殊巡视一次；大气腐蚀等级为 C4、C5 时，宜每 1 年特殊巡视一次；大气腐蚀等级为 CX 时，宜每半年特殊巡视一次。参照 DL/T 1425中 6 执行。

（2）输电线路腐蚀评估周期。大气腐蚀等级为 C1～C3 时，宜每 3 年特殊巡检一次；大气腐蚀等级为 C4、C5 时，宜每 2 年特殊巡检一次；大气腐蚀等级为 CX 时，宜每 1 年特殊巡检一次。参照 DL/T 1453中 5.4 执行。

参 考 文 献

[1] 陈云,徐利民,药宁娜,等．输变电钢构件的大气腐蚀与防护[J]．华北电力技术,2014,(12):10—14.

[2] 王平,孙心利,马东伟,等．输变电设备大气腐蚀情况调查与分析[J]．腐蚀科学与防护技术,2012,24(6):525—526.

[3] 梁彩凤,侯文泰．碳钢、低合金钢16年大气暴露腐蚀研究[J]中国腐蚀与防护学报,2005,25(1):2—7.

[4] 刘凯吉．大气腐蚀环境的分类及腐蚀性评定[J]．全面腐蚀控制,2015,29(10):26—27

[5] 张洁,张健,陈国宏,等．安徽省内电网设备常用钢材大气腐蚀试验研究[J]．装备环境工程,2020,17(7):98—104.

[6] De la Fuente D, Díaz I, Simancas J, et al. Long - term atmospheric corrosion of mild steel [J]. Corrosion Science,2011,53 (2):604—617.

[7] 杨海洋,丁国清,黄桂桥,等．镀锌钢在不同大气环境中的腐蚀行为[J]．腐蚀与防护,2017,38(5):369—371+376.

[8] 章小鸽,著．仲海峰,程东妹,等译．锌的腐蚀与电化学[M]．北京:冶金工业出版社,2008.

[9] 王秀通,王丽媛,孙好芬,等．SO_2 与 NaCl 对铜大气腐蚀的影响[J]．材料保护,2011,44(9):28—31+92.

[10] Fonseca I T E,Picciochi R,Mendonca M H,et al. The at-

mospheric corrosion of copper at two sites in Portugal：a comparative study[J]. Corrosion Science,2004,46(3)：547－561.

［11］王彬,苏艳. 铝合金大气腐蚀行为及其防腐措施研究进展[J]. 装备环境工程,2012,9(2)：64－68.

［12］张增广,吕旺燕,苏伟. 变电站铝及铝合金的大气腐蚀与防护对策[J]. 全面腐蚀控制,2016,30(10)：36－40＋44.

［13］李延伟,熊欣睿,柳森,等. 浙江省金属材料大气腐蚀等级分布图绘制[J]. 腐蚀与防护,2020,41(12)：48－51.

［14］龚喆,李敬洋,祁俊峰,等. 基于BP－GIS的京津冀Q235大气腐蚀预测地图[J] 材料保护,2020,53(5)：15－22.

［15］Slamova K,Koehl M. Measurement and GIS - based spatial modelling of copper corrosion in different environments in Europe[J]. Materials and Corrosion,2017,68(1)：20－29.

［16］李海涛,邵泽东. 空间插值分析算法综述[J]. 计算机系统应用,2019,28(7)：1－8.

［17］张海平,周星星,代文. 空间插值方法的适用性分析初探[J]. 地理与地理信息科学,2017,33(6)：14－18＋105.

［18］靳国栋,刘衍聪,牛文杰. 距离加权反比插值法和克里金插值法的比较[J]. 长春工业大学学报(自然科学版),2003,24(3)：53－57.

［19］Li J,Men C,Qi J,et al. Impact factor analysis,prediction, and mapping of soil corrosion of carbon steel across China based on MIV－BP artificial neural network and GIS [J]. Journal of Soils and Sediments,2020,20(8)：3204－3216.

［20］顾春雷,杨漾,朱志春. 几种建立DEM模型插值方法精度的交叉验证[J]. 测绘与空间地理信息,2011,34(5)：99－102.

附录 安徽省电网大气腐蚀等级地图

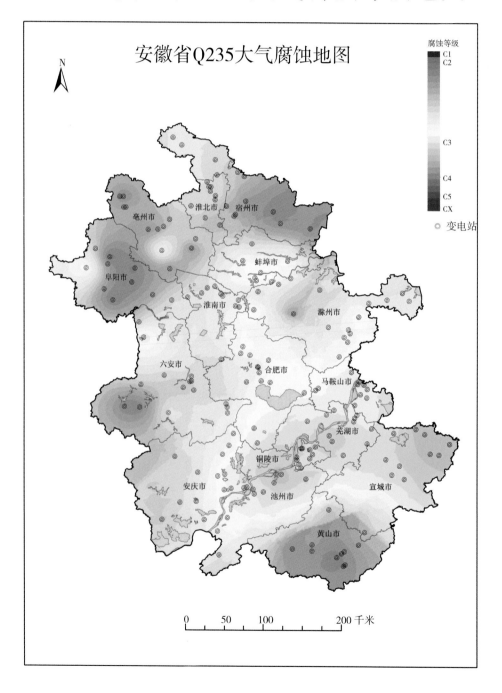

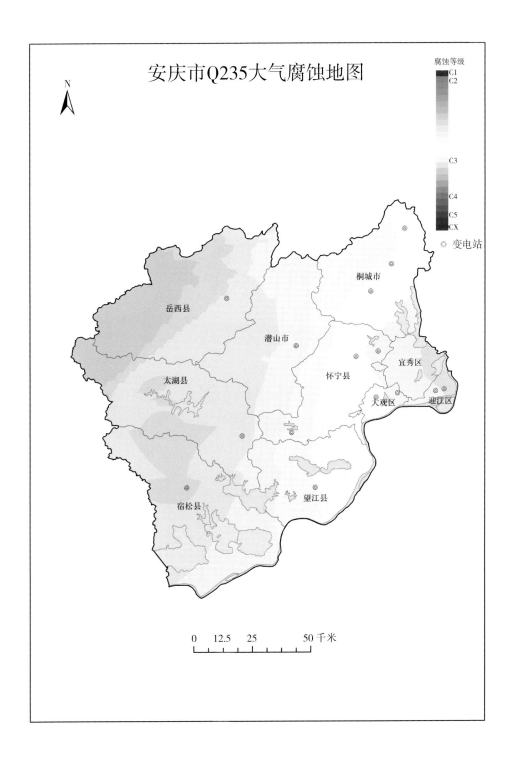

安庆市Q235大气腐蚀地图

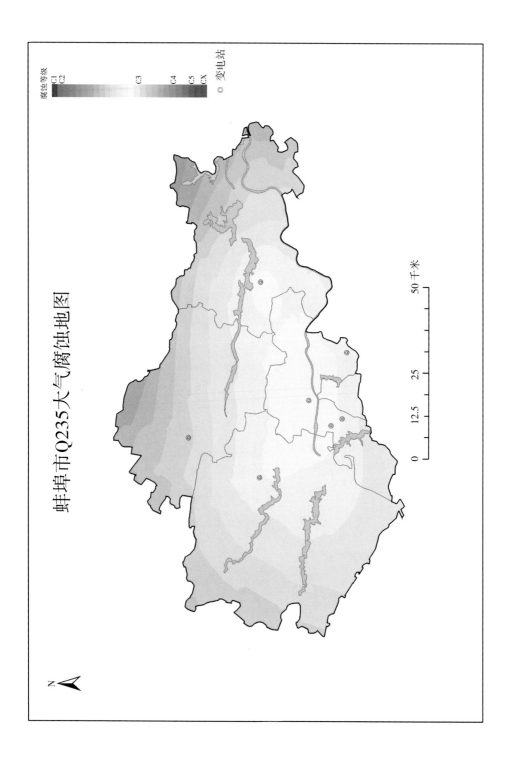

蚌埠市Q235大气腐蚀地图

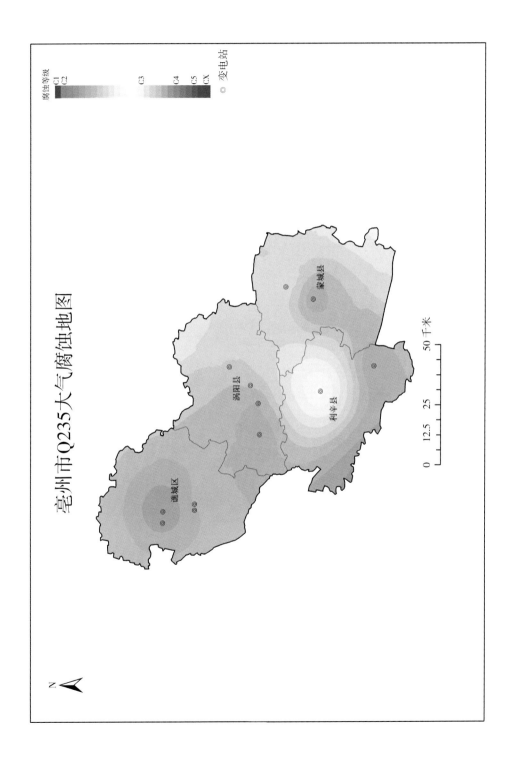

亳州市Q235大气腐蚀地图

腐蚀等级
C1
C2
C3
C4
C5
CX
◎ 变电站

0   12.5   25   50千米

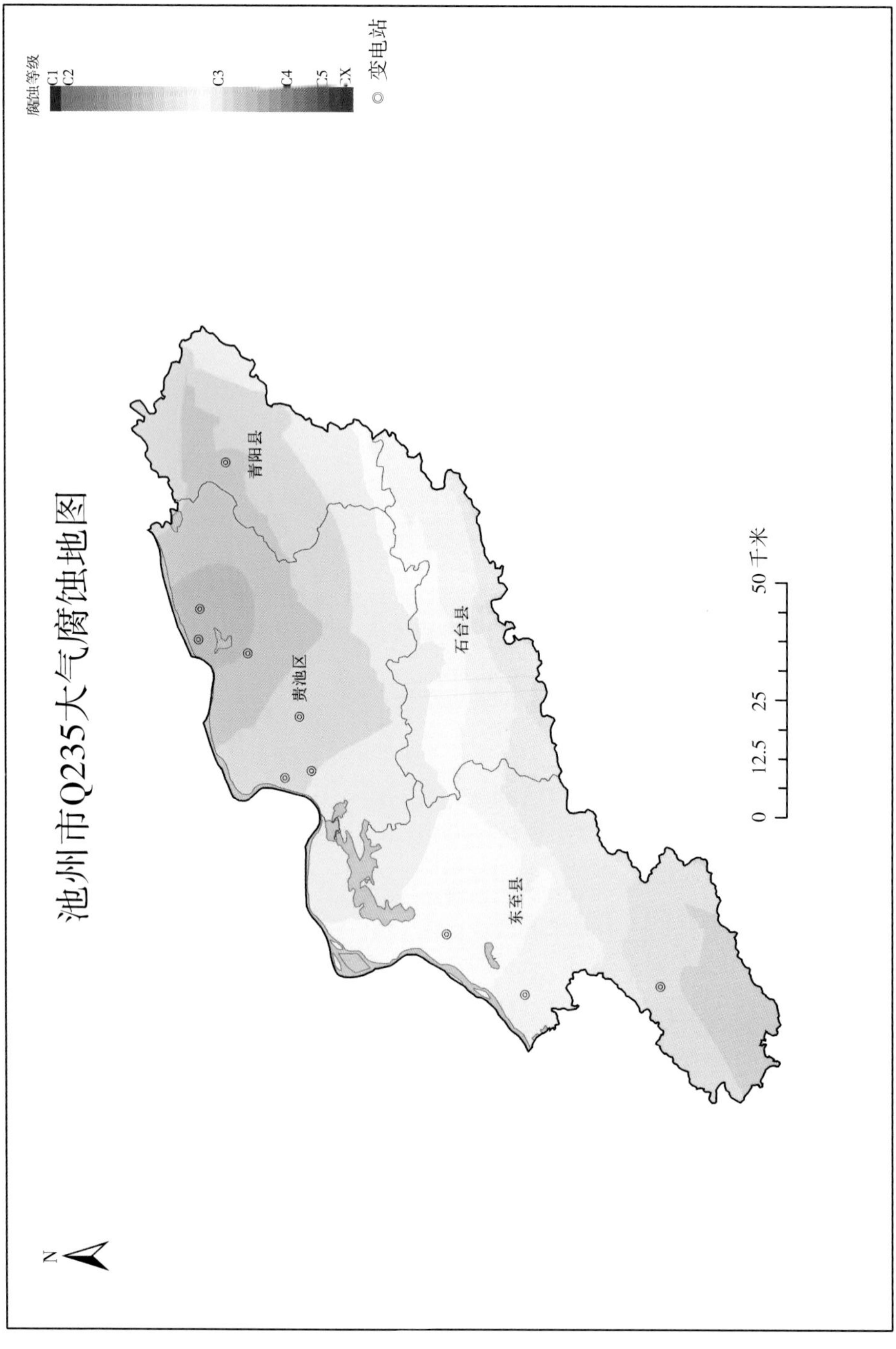

池州市Q235大气腐蚀地图

腐蚀等级
C1
C2
C3
C4
C5
CX

变电站

青阳县

贵池区

石台县

东至县

0 12.5 25 50千米

N

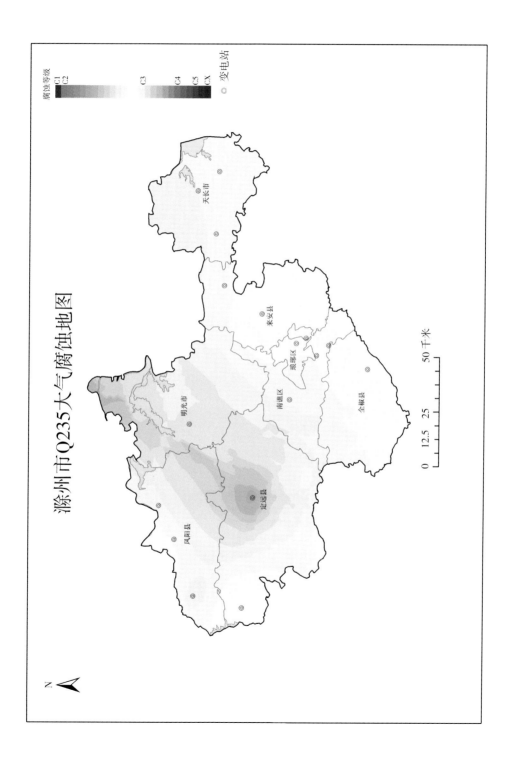

滁州市Q235大气腐蚀地图

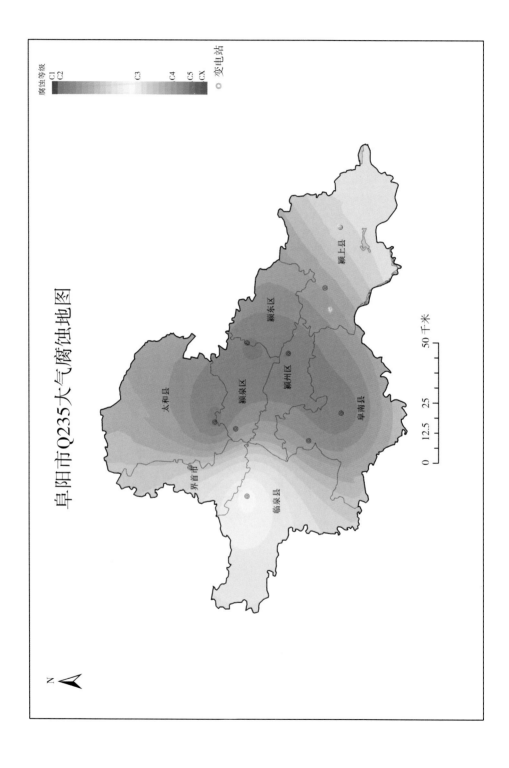

阜阳市Q235大气腐蚀地图

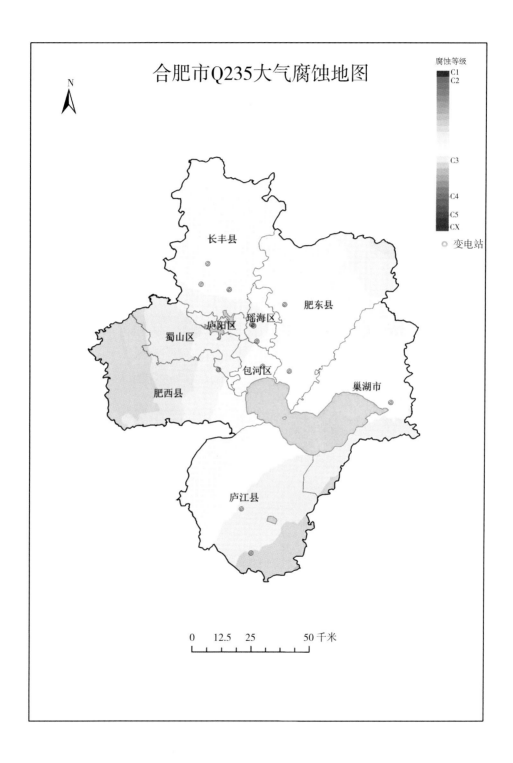

合肥市Q235大气腐蚀地图

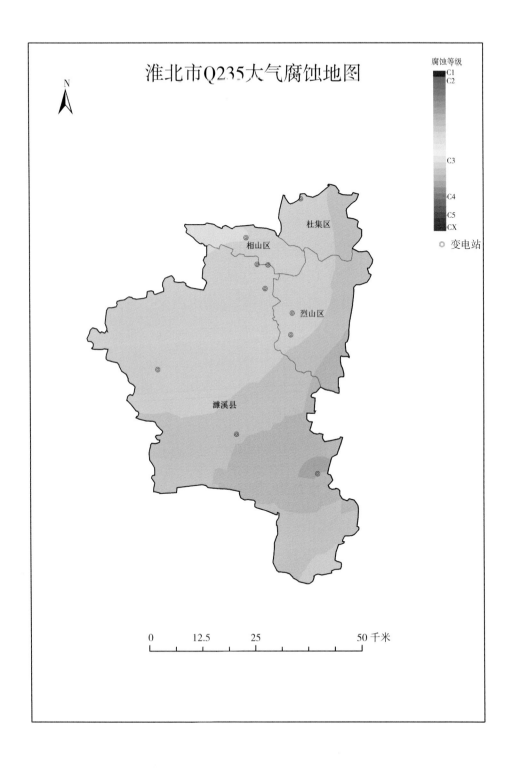

淮北市Q235大气腐蚀地图

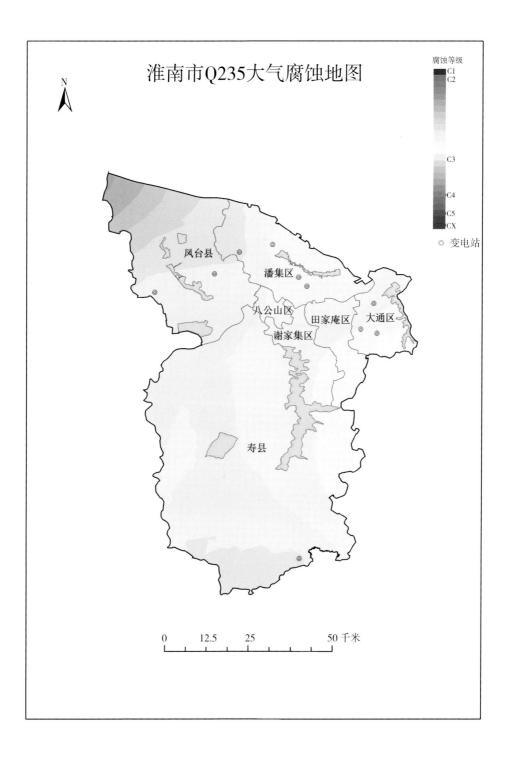

淮南市Q235大气腐蚀地图

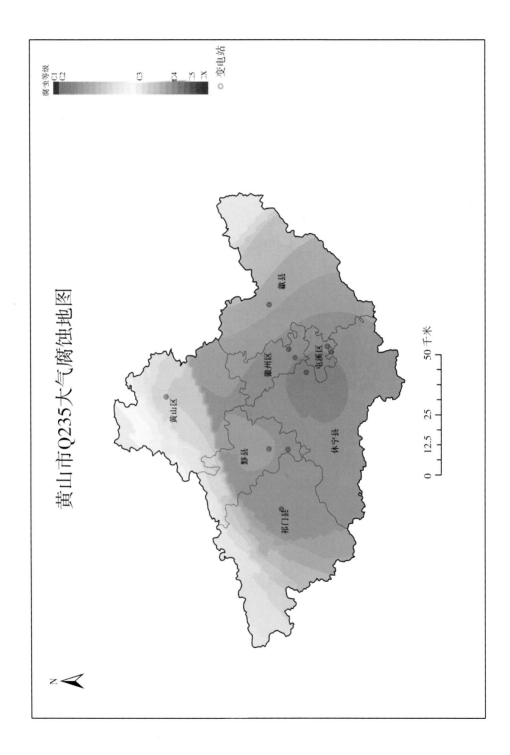

黄山市Q235大气腐蚀地图

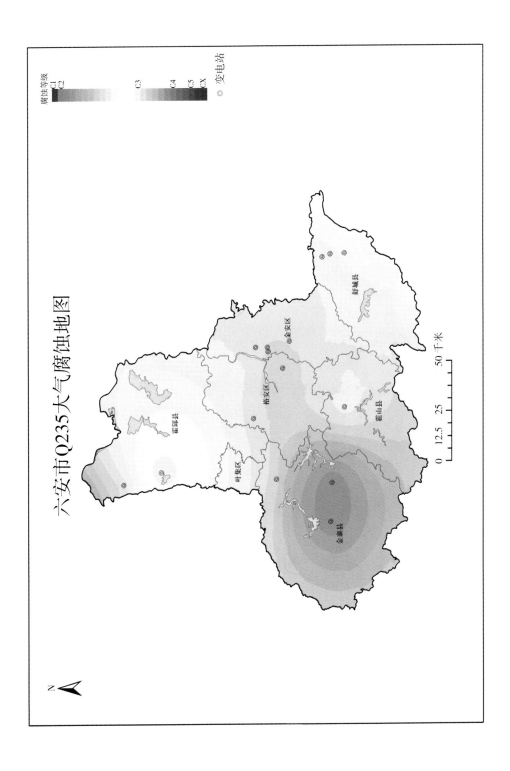

六安市Q235大气腐蚀地图

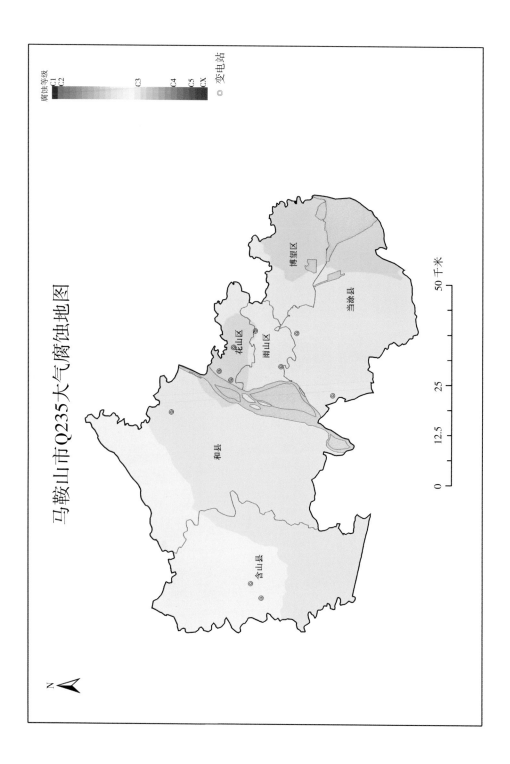

马鞍山市 Q235 大气腐蚀地图

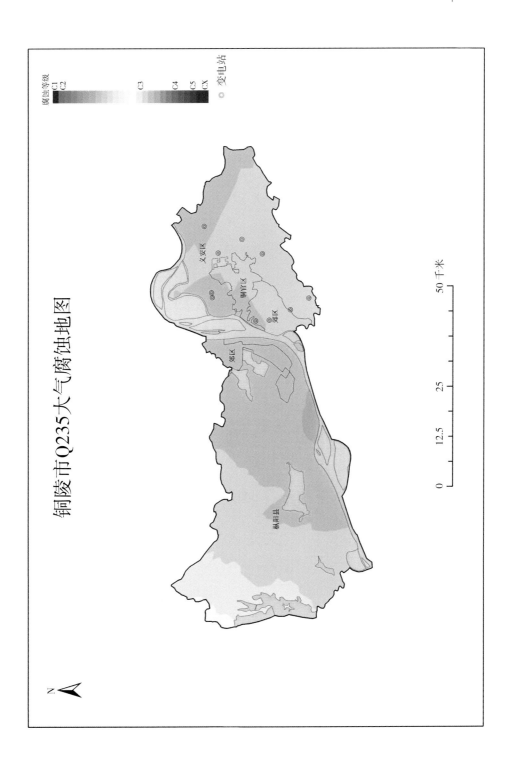

铜陵市Q235大气腐蚀地图

腐蚀等级
C1
C2
C3
C4
C5
CX

© 变电站

义安区

铜官区

郊区

郊区

枞阳县

0 12.5 25 50 千米

芜湖市Q235大气腐蚀地图

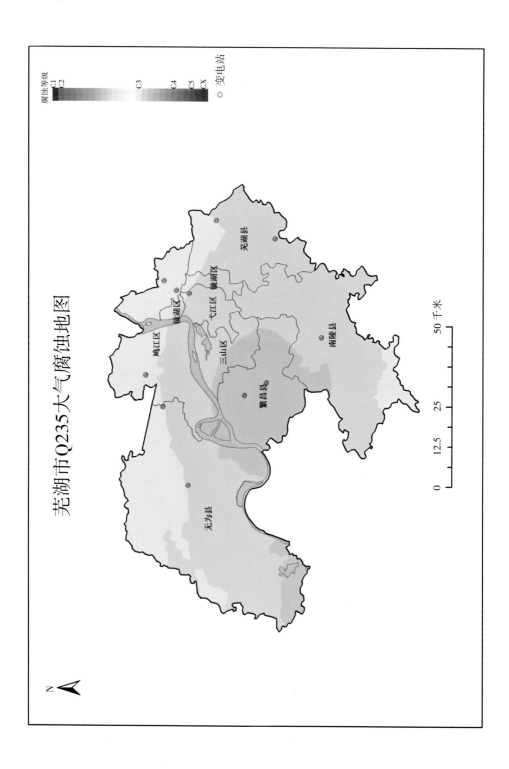

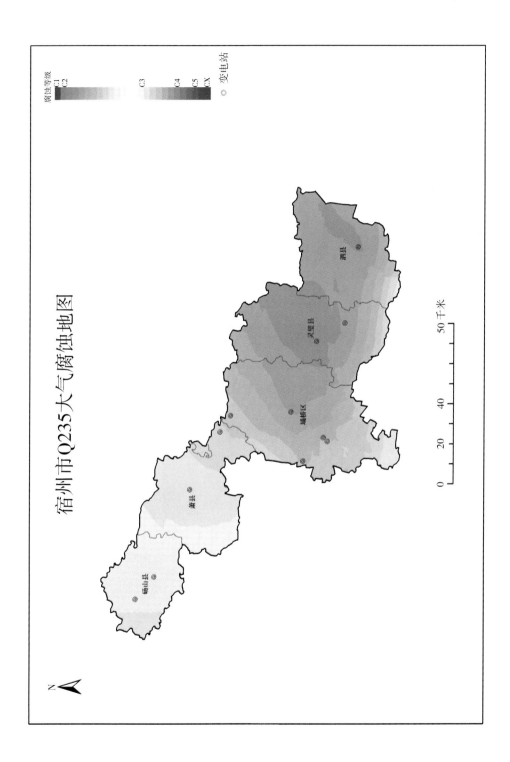

宿州市Q235大气腐蚀地图

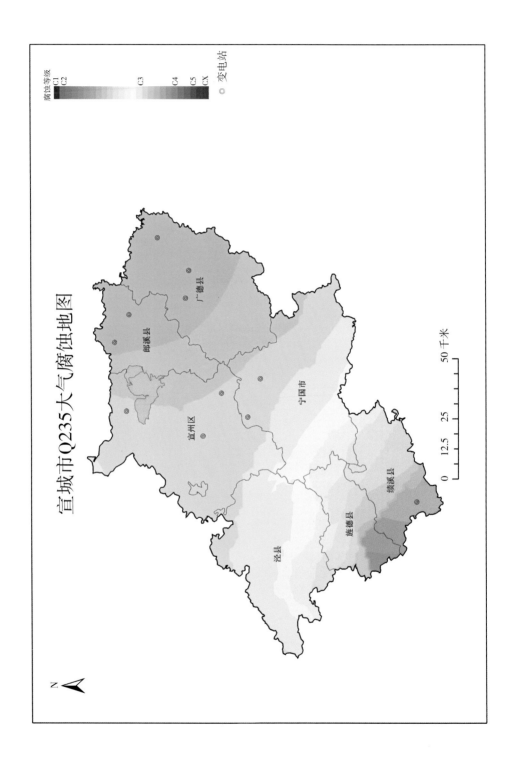

宣城市Q235大气腐蚀地图

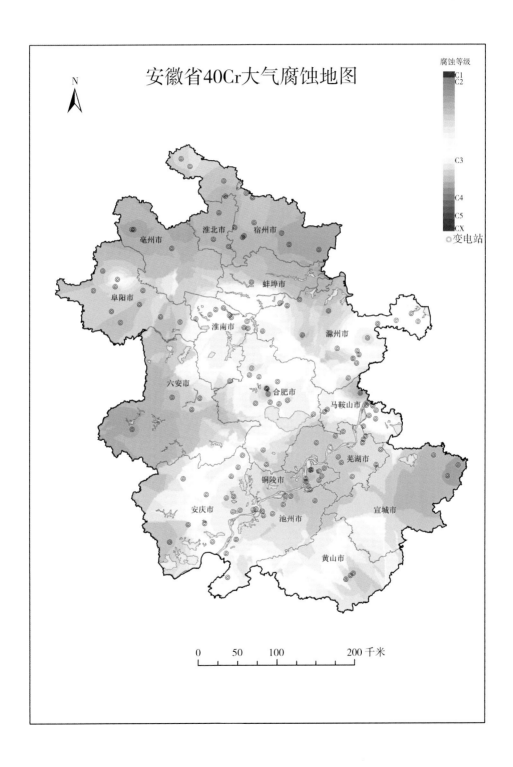

安徽省40Cr大气腐蚀地图

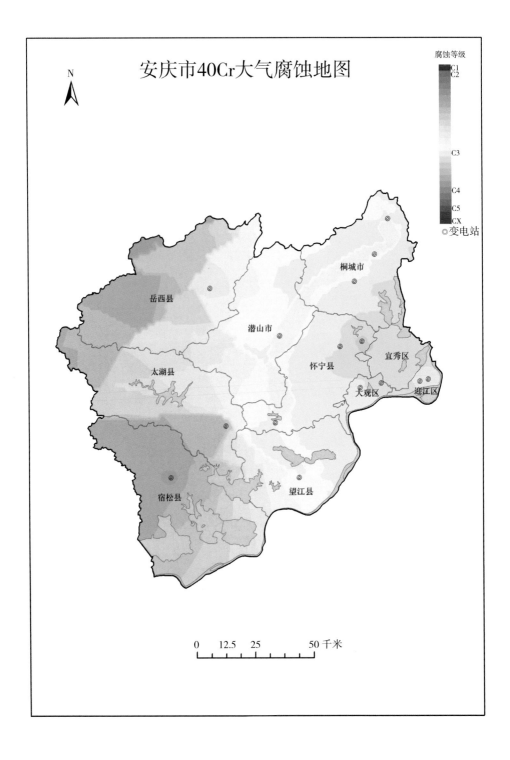

安庆市40Cr大气腐蚀地图

腐蚀等级
C1
C2
C3
C4
C5
CX
◎变电站

0 12.5 25 50 千米

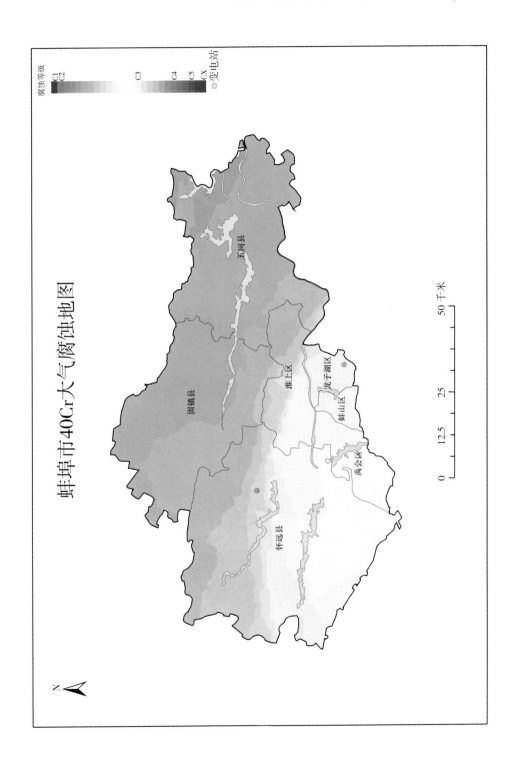

蚌埠市40Cr大气腐蚀地图

腐蚀等级
C1
C2
C3
C4
C5
CX
◎变电站

五河县

固镇县

淮上区

龙子湖区

蚌山区

禹会区

怀远县

N

0 12.5 25 50 千米

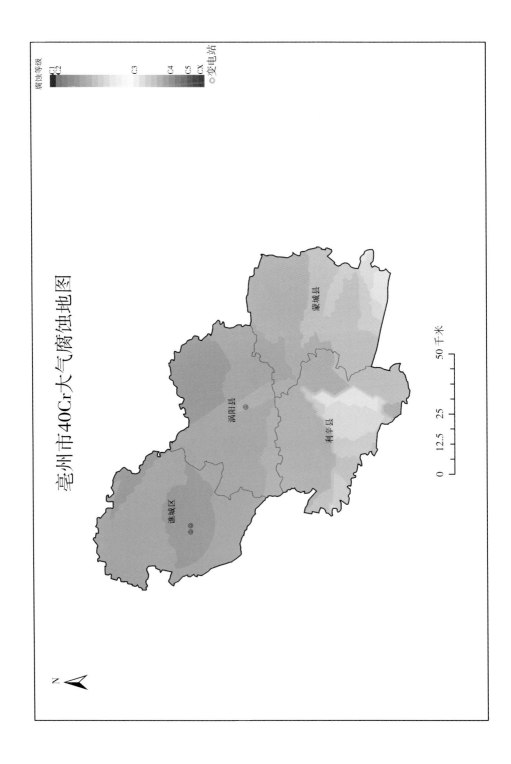

亳州市40Cr大气腐蚀地图

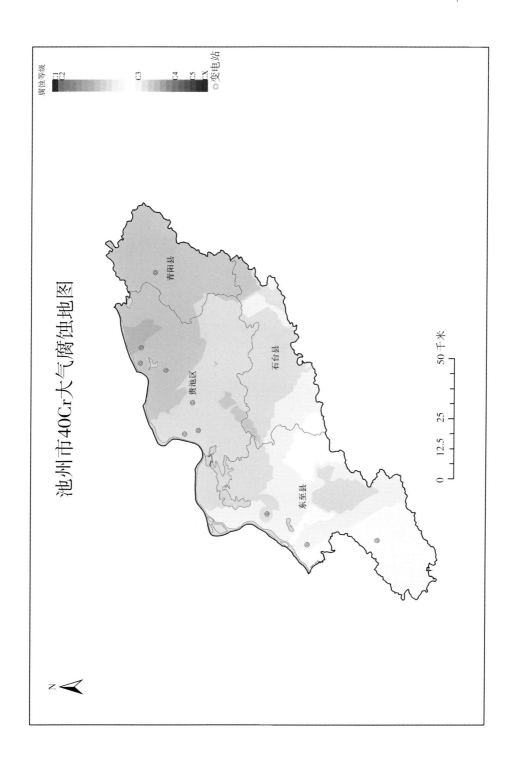

池州市40Cr大气腐蚀地图

腐蚀等级
C1
C2
C3
C4
C5
CX
◎变电站

青阳县

贵池区

石台县

东至县

0 12.5 25 50千米

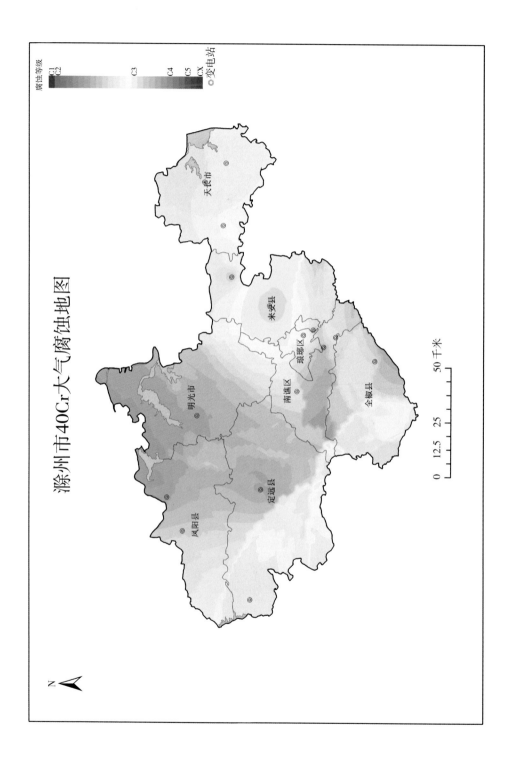

滁州市40Cr大气腐蚀地图

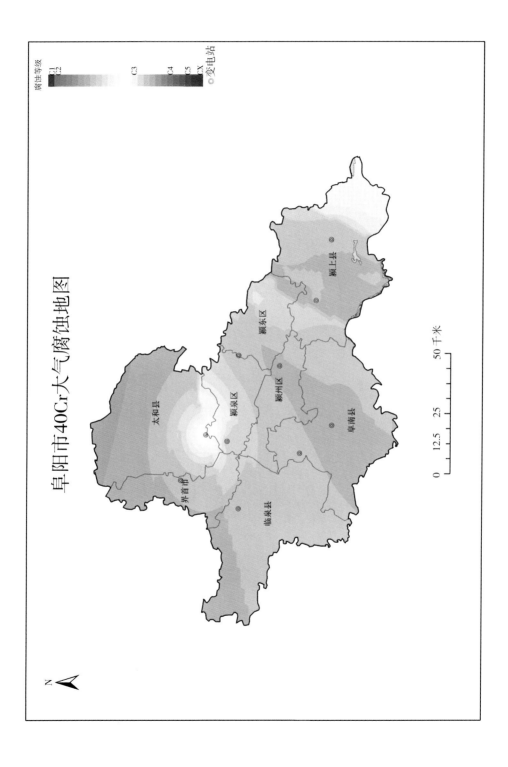

阜阳市40Cr大气腐蚀地图

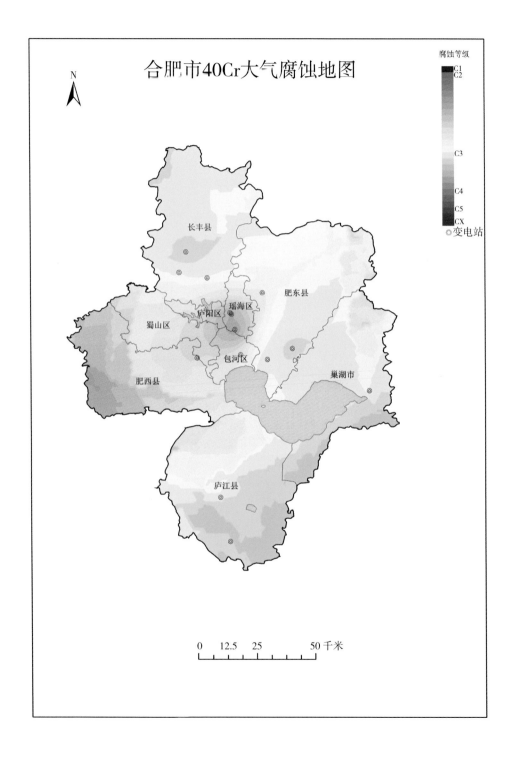

合肥市40Cr大气腐蚀地图

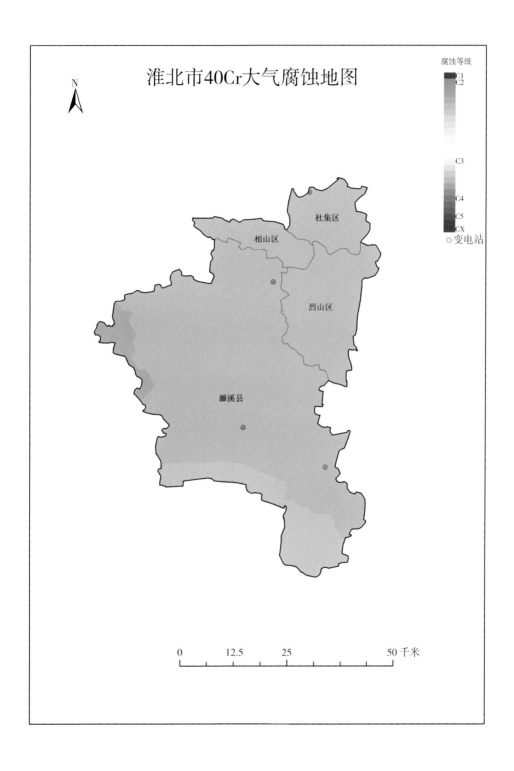

淮北市40Cr大气腐蚀地图

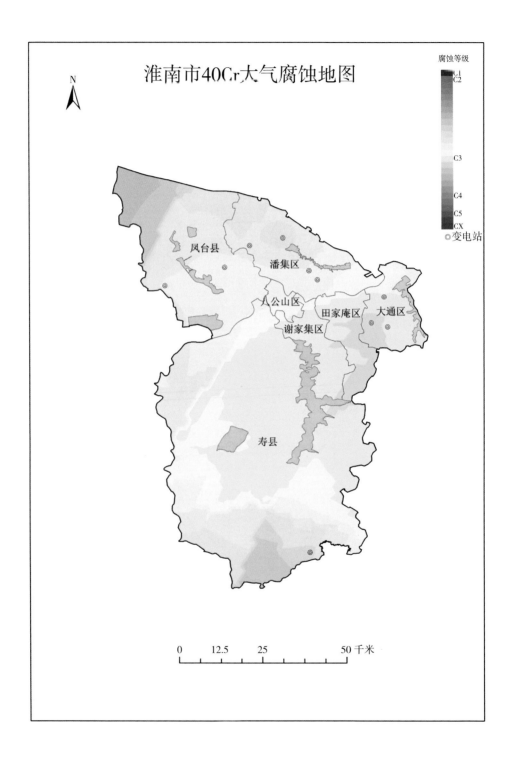

淮南市40Cr大气腐蚀地图

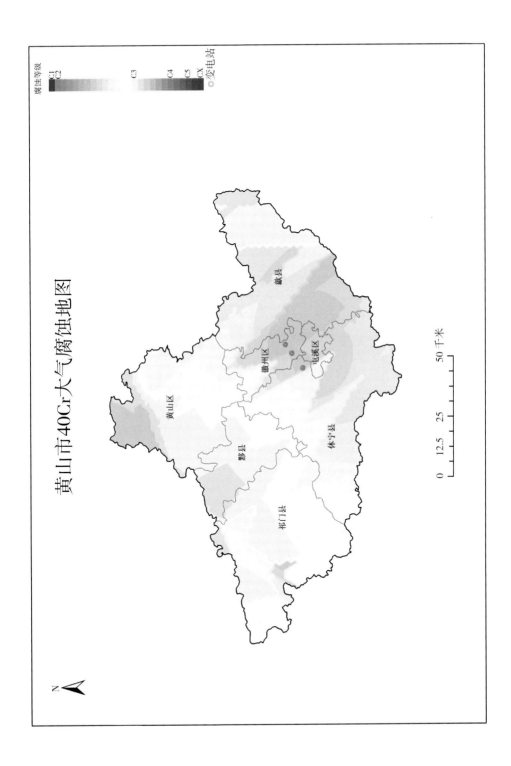

黄山市40Cr大气腐蚀地图

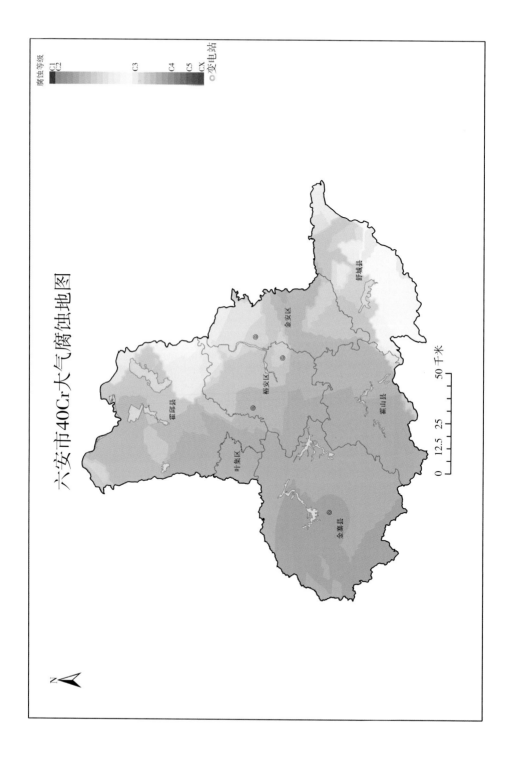

六安市40Cr大气腐蚀地图

马鞍山市40Cr大气腐蚀地图

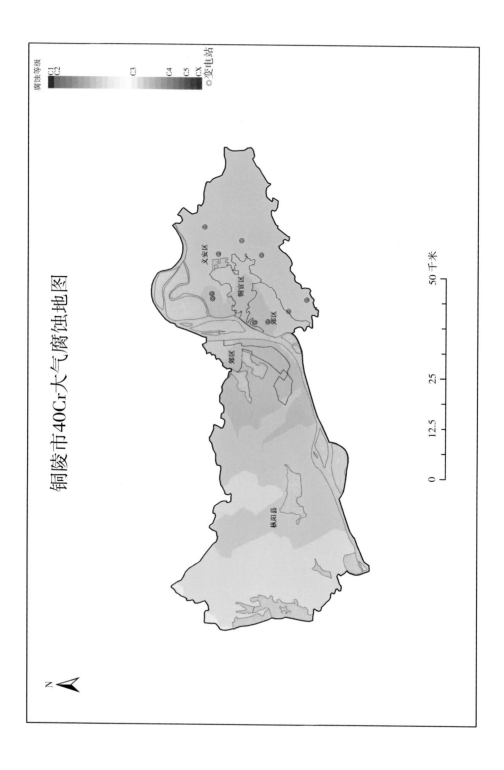

铜陵市40Cr大气腐蚀地图

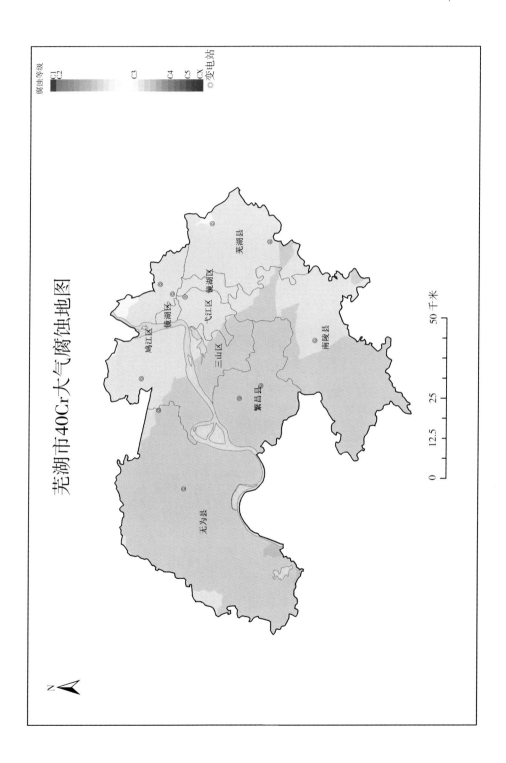

芜湖市40Cr大气腐蚀地图

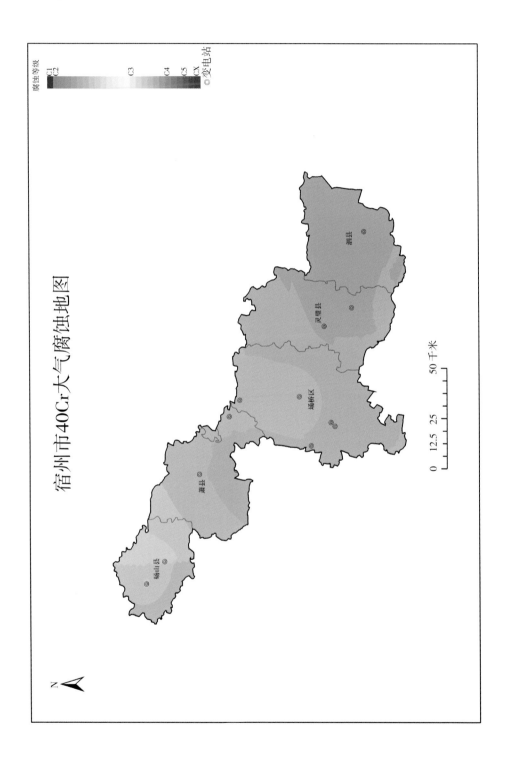

宿州市40Cr大气腐蚀地图

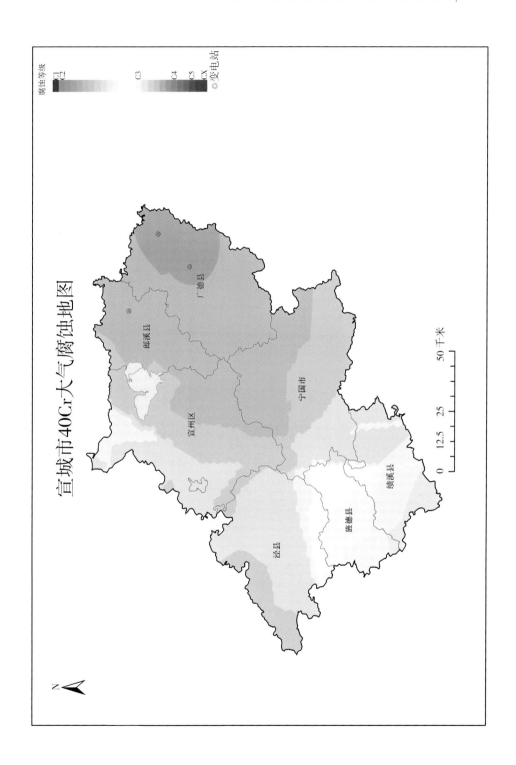

宣城市40Cr大气腐蚀地图

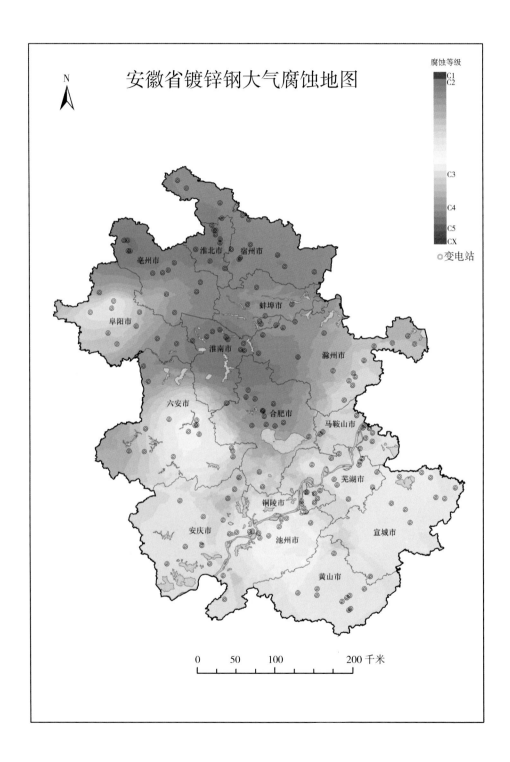

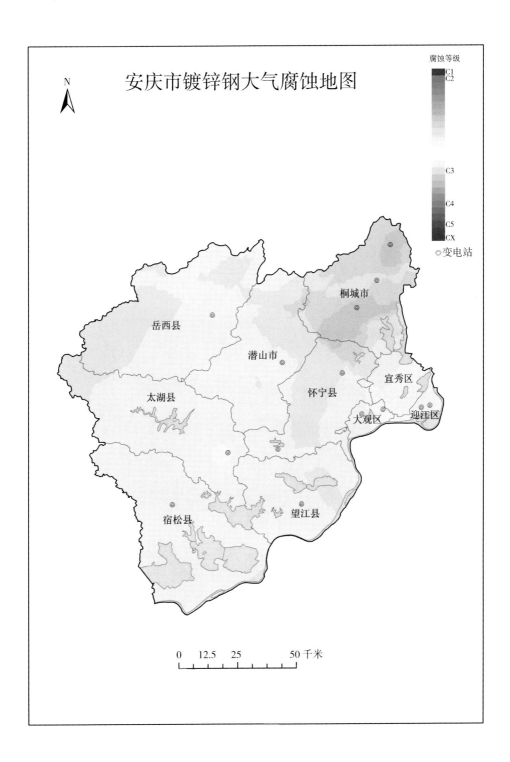

安庆市镀锌钢大气腐蚀地图

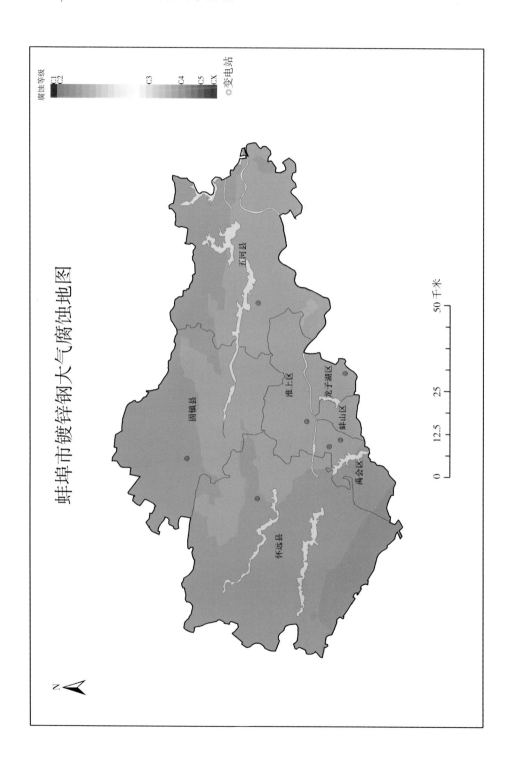

蚌埠市镀锌钢大气腐蚀地图

腐蚀等级
C1
C2
C3
C4
C5
CX
◎ 变电站

五河县

固镇县

淮上区

龙子湖区

蚌山区

禹会区

怀远县

0 12.5 25 50 千米

N

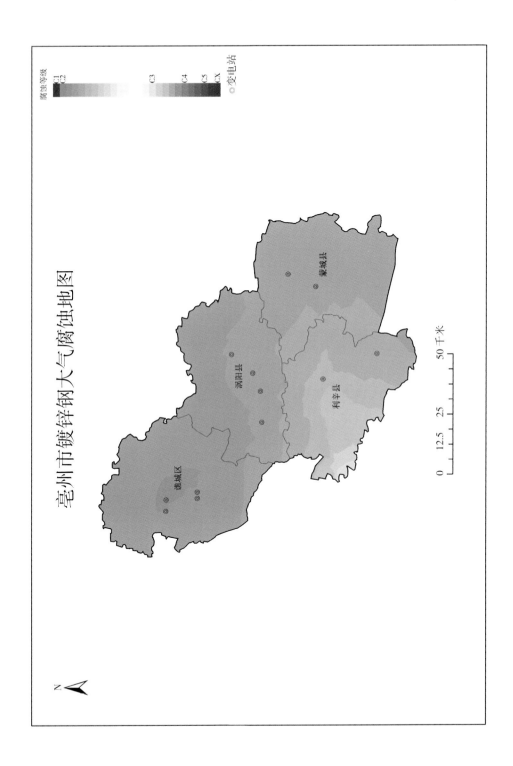

亳州市镀锌钢大气腐蚀地图

腐蚀等级
C1
C2
C3
C4
C5
CX
◎变电站

蒙城县
涡阳县
谯城区
利辛县

0　12.5　25　　50 千米

N

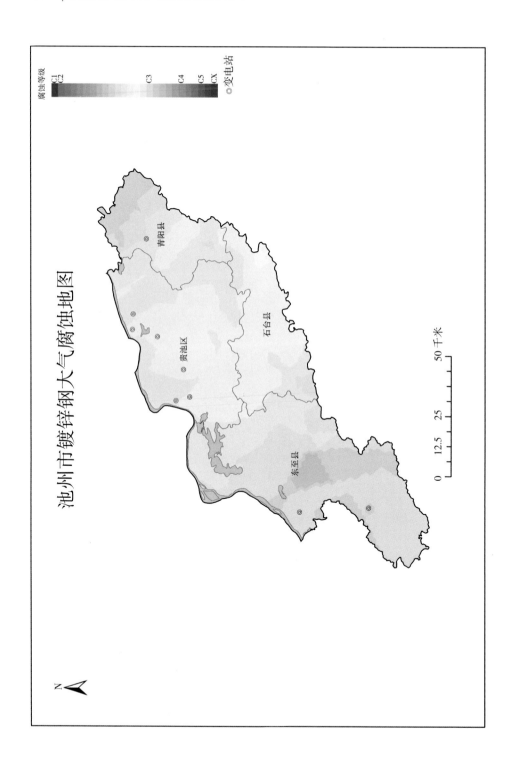

池州市镀锌钢大气腐蚀地图

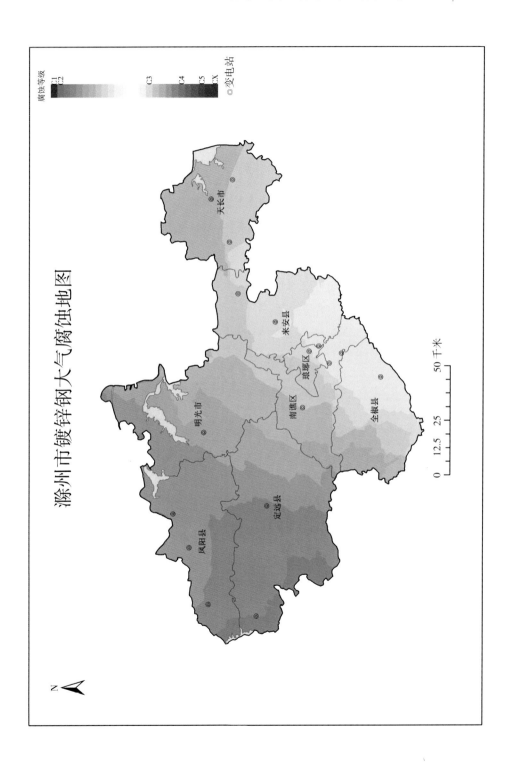

滁州市镀锌钢大气腐蚀地图

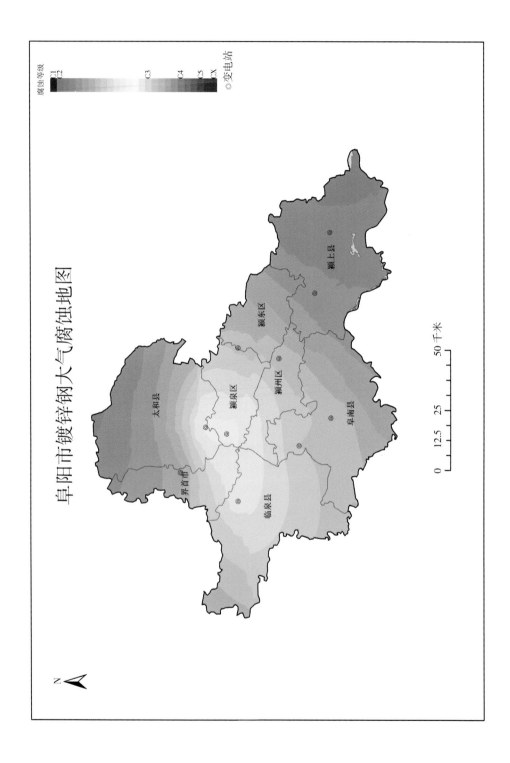

阜阳市镀锌钢大气腐蚀地图

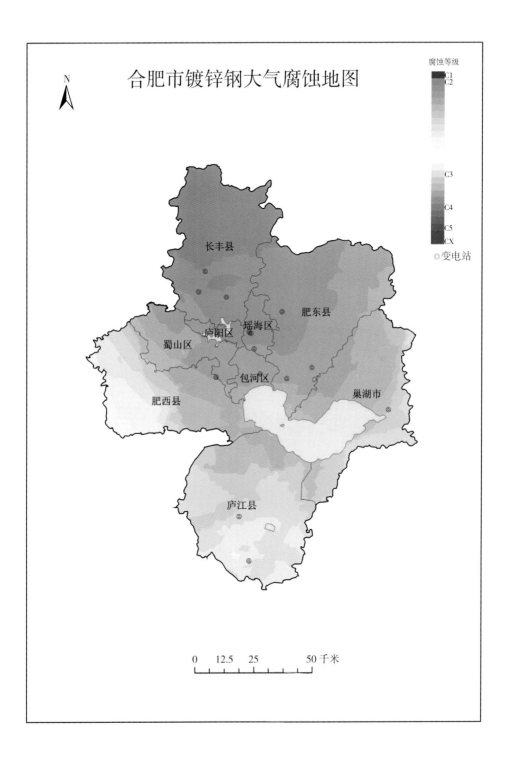

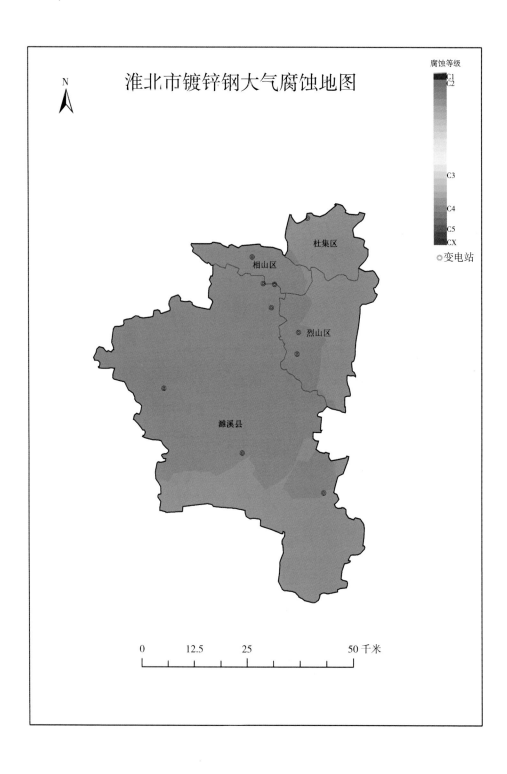

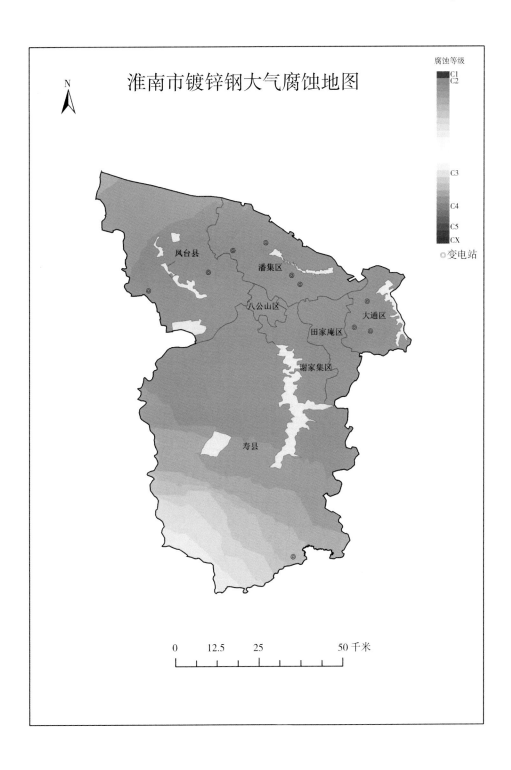

淮南市镀锌钢大气腐蚀地图

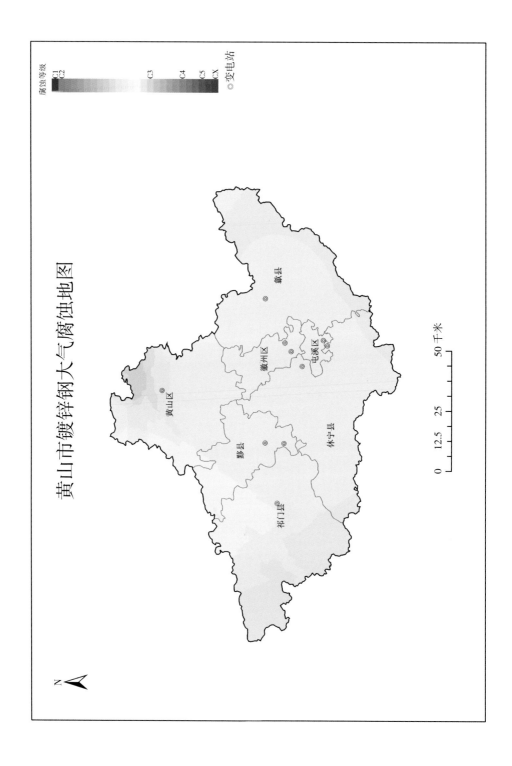

黄山市镀锌锌钢大气腐蚀地图

六安市镀锌钢大气腐蚀地图

腐蚀等级
C1
C2
C3
C4
C5
CX
◎ 变电站

霍邱县
叶集区
金寨县
裕安区
金安区
舒城县
霍山县

0 12.5 25 50 千米

N

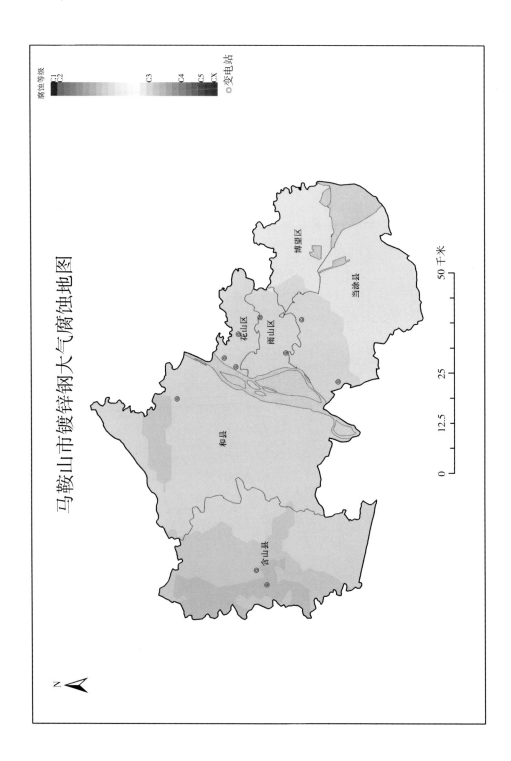

马鞍山市镀锌钢大气腐蚀地图

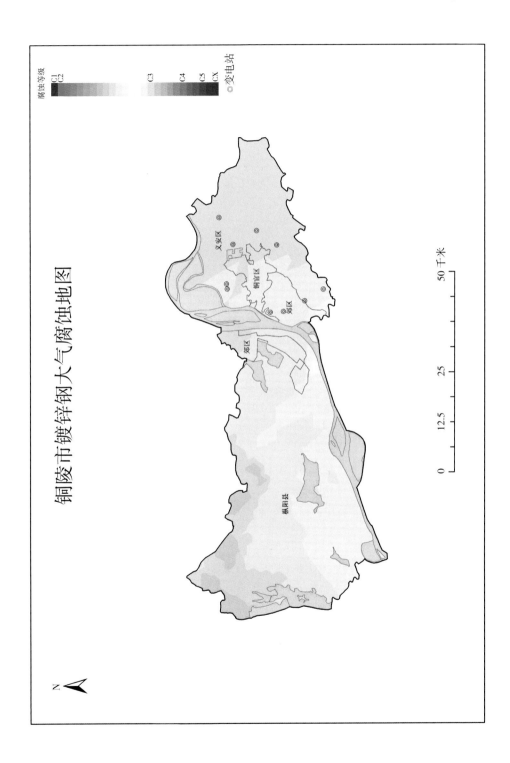

铜陵市镀锌钢大气腐蚀地图

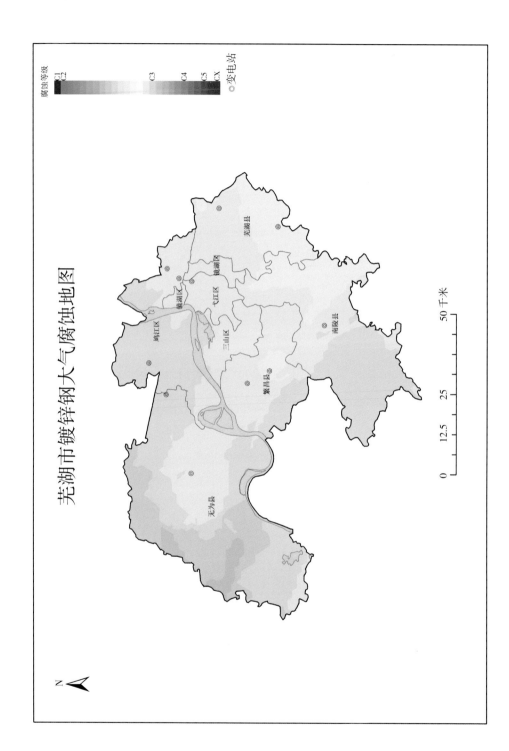

芜湖市镀锌钢大气腐蚀地图

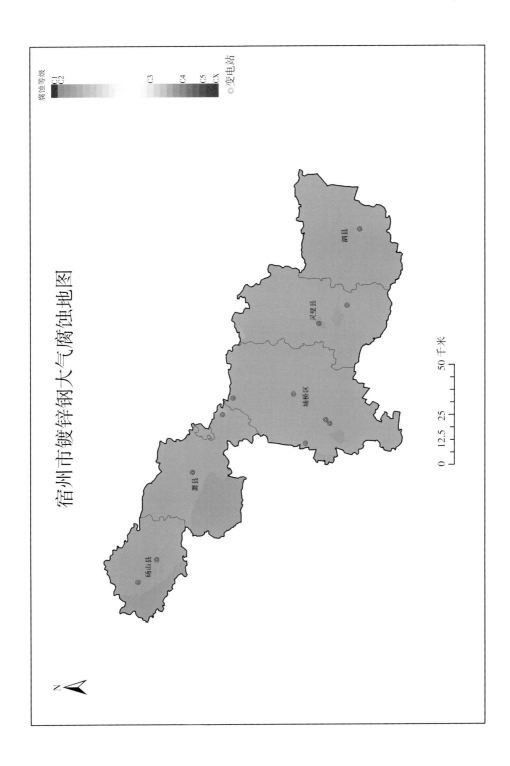

宿州市镀锌钢大气腐蚀地图

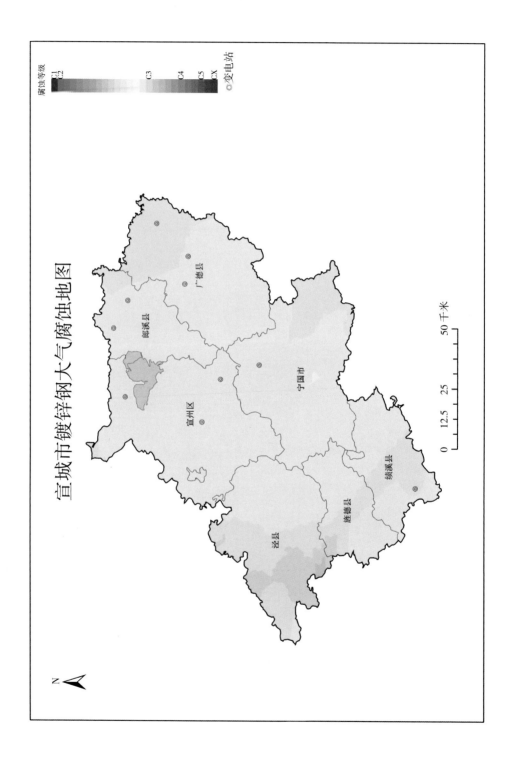

宣城市镀锌钢大气腐蚀地图

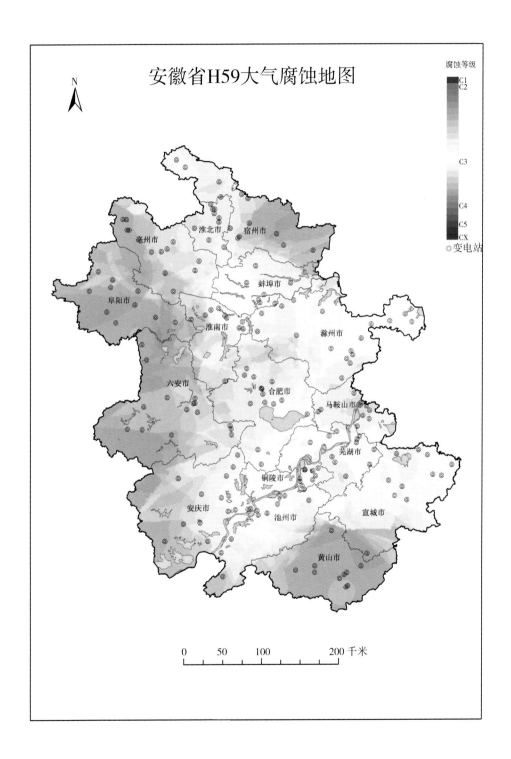

安徽省H59大气腐蚀地图

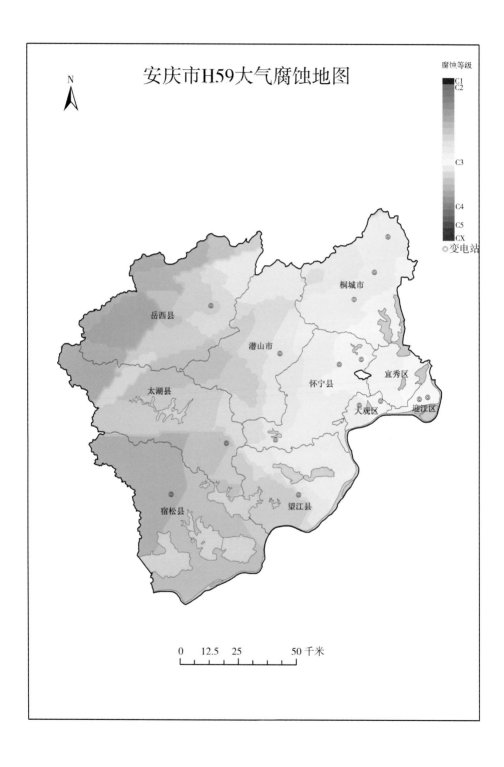

安庆市H59大气腐蚀地图

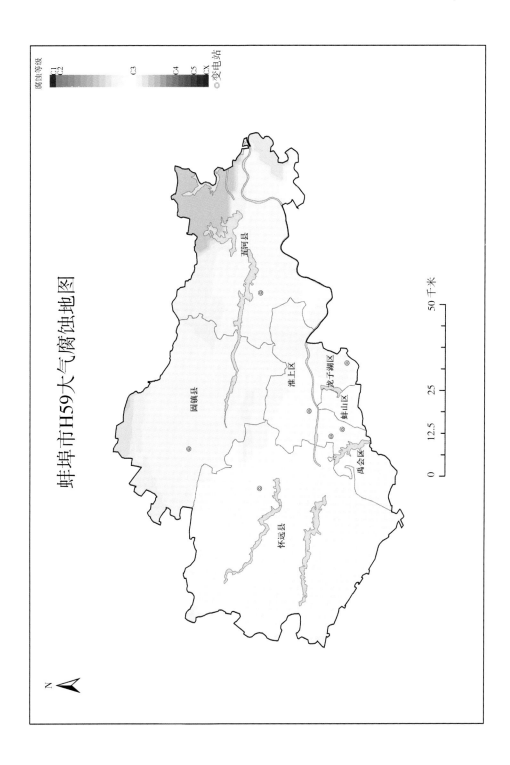

蚌埠市H59大气腐蚀地图

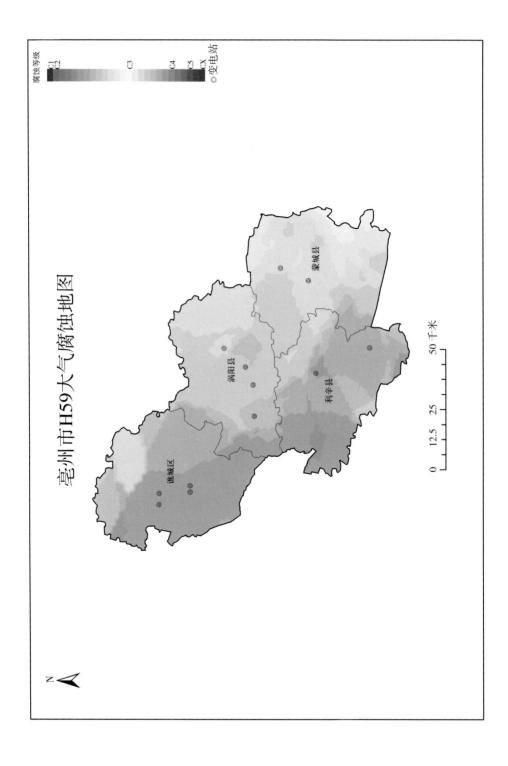

亳州市H59大气腐蚀地图

腐蚀等级
C1
C2
C3
C4
C5
CX
◎变电站

0　12.5　25　　　　50千米

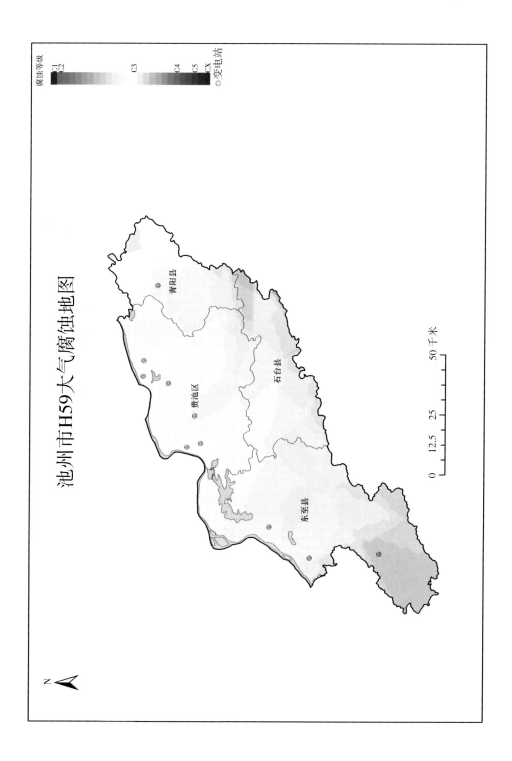

池州市H59大气腐蚀地图

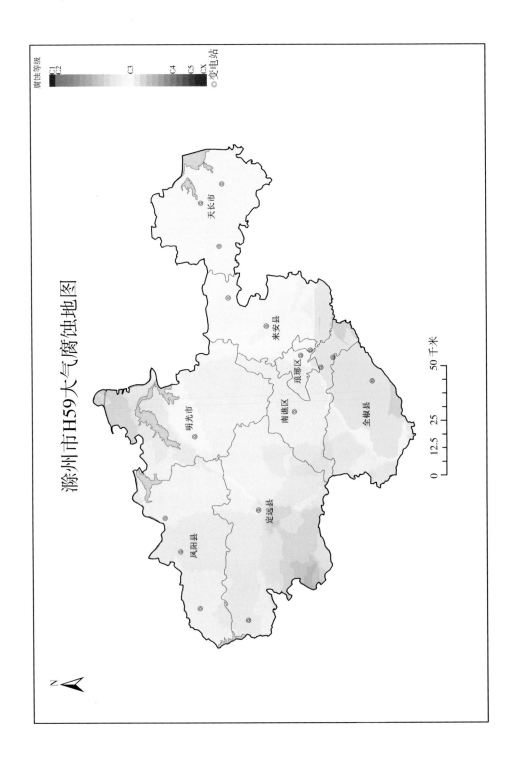

滁州市H59大气腐蚀地图

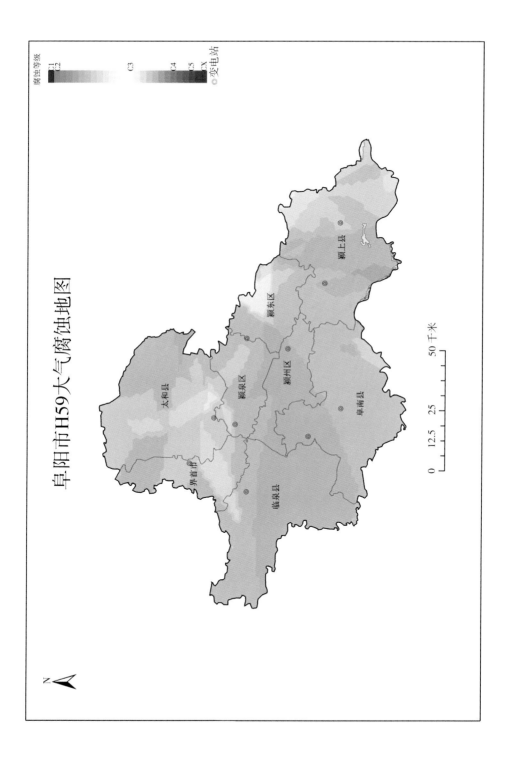

阜阳市H59大气腐蚀地图

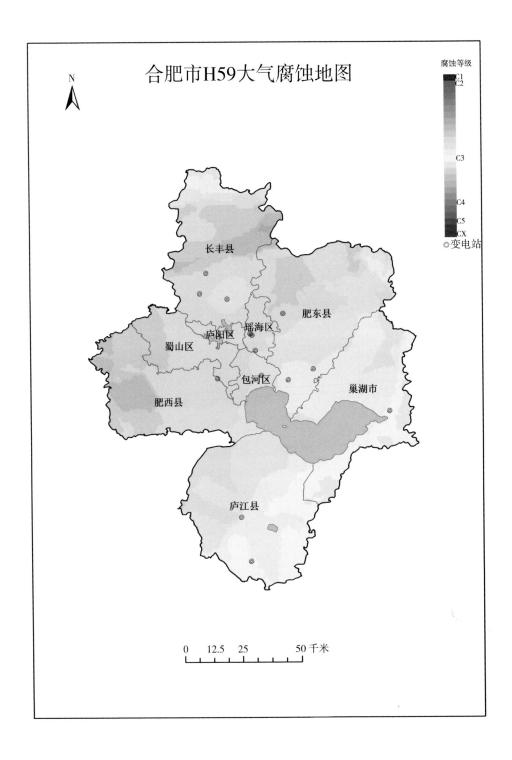

合肥市H59大气腐蚀地图

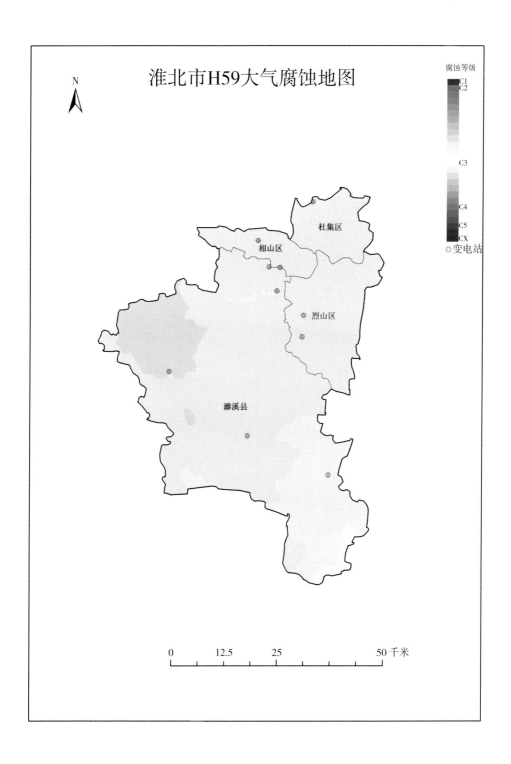

淮北市H59大气腐蚀地图

N

腐蚀等级
C1
C2

C3

C4
C5
CX
◎变电站

杜集区

相山区

烈山区

濉溪县

0   12.5   25   50 千米

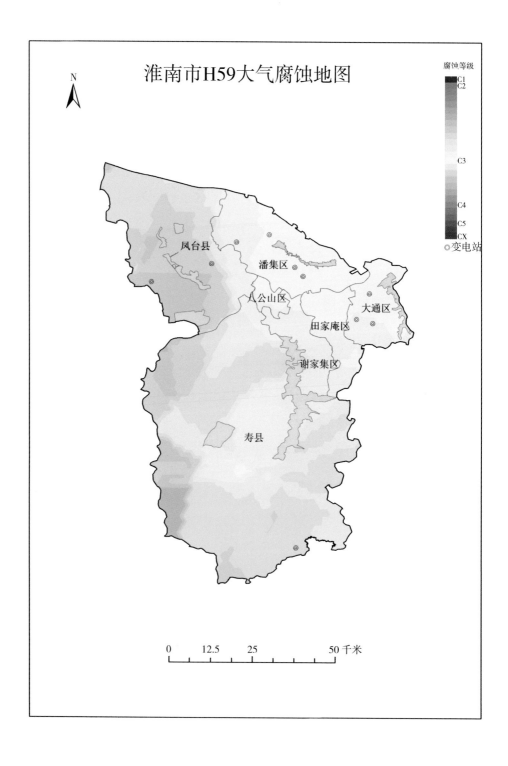

淮南市H59大气腐蚀地图

腐蚀等级
C1
C2
C3
C4
C5
CX
◎变电站

凤台县
潘集区
八公山区
大通区
田家庵区
谢家集区
寿县

0   12.5   25   50 千米

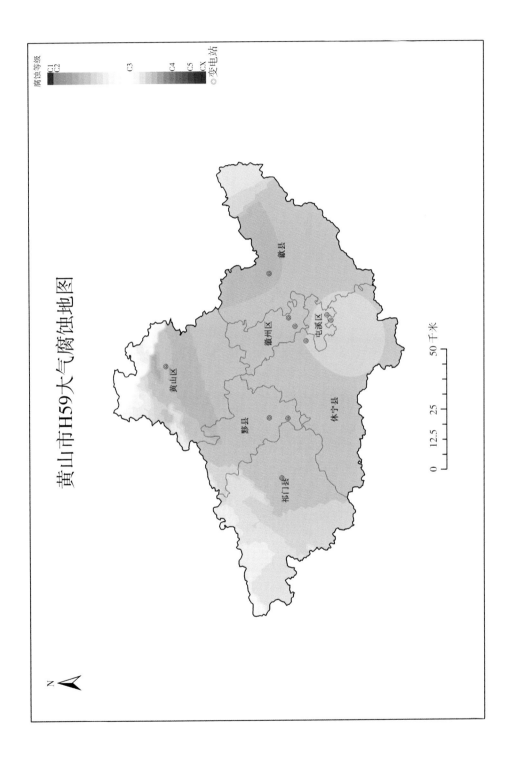

黄山市H59大气腐蚀地图

腐蚀等级
C1
C2
C3
C4
C5
CX
◎变电站

歙县
徽州区
黄山区
屯溪区
黟县
祁门县
休宁县

0   12.5   25   50千米

N

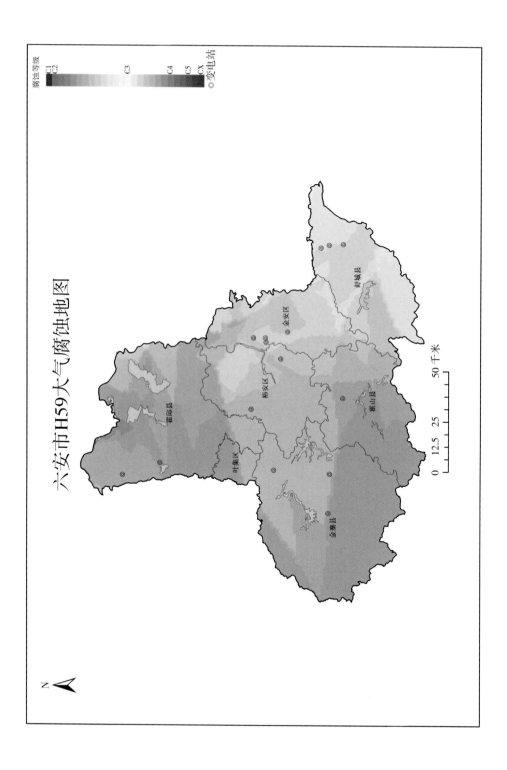

六安市H59大气腐蚀地图

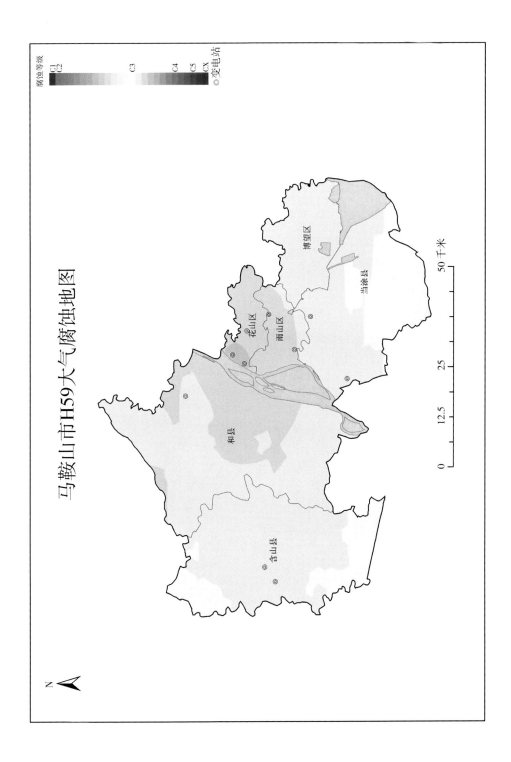

马鞍山市H59大气腐蚀地图

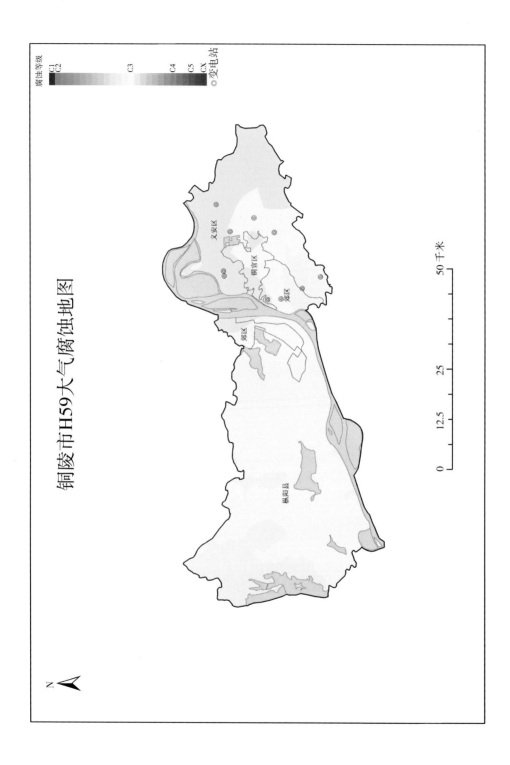

铜陵市H59大气腐蚀地图

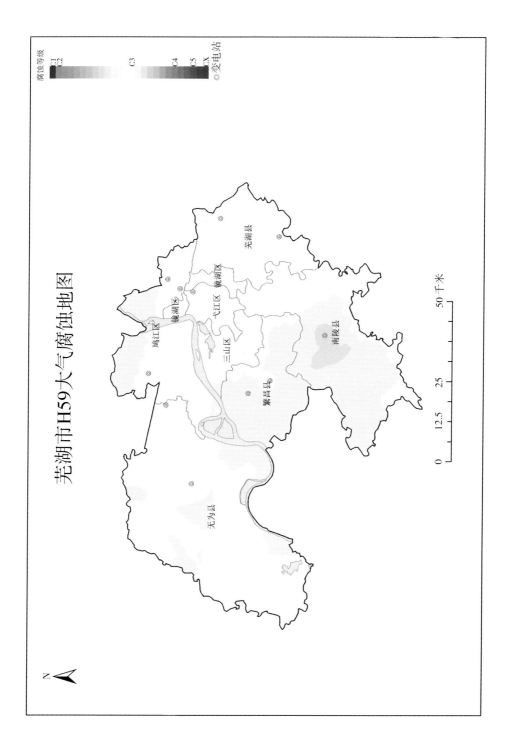

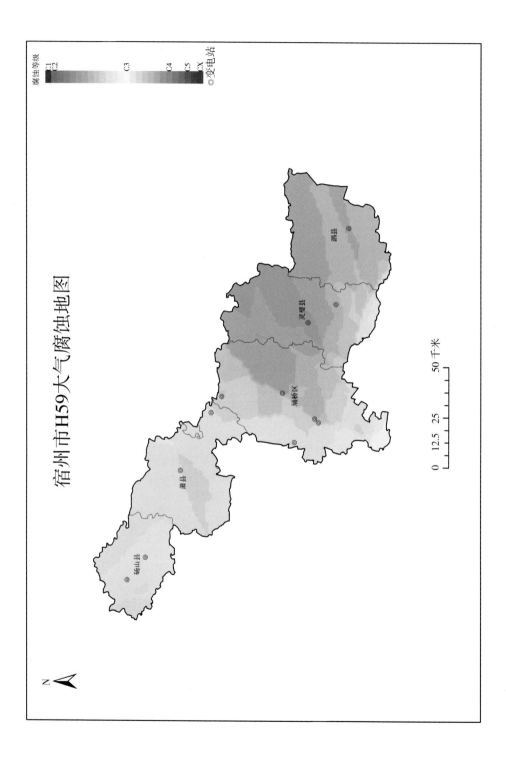

宿州市H59大气腐蚀地图

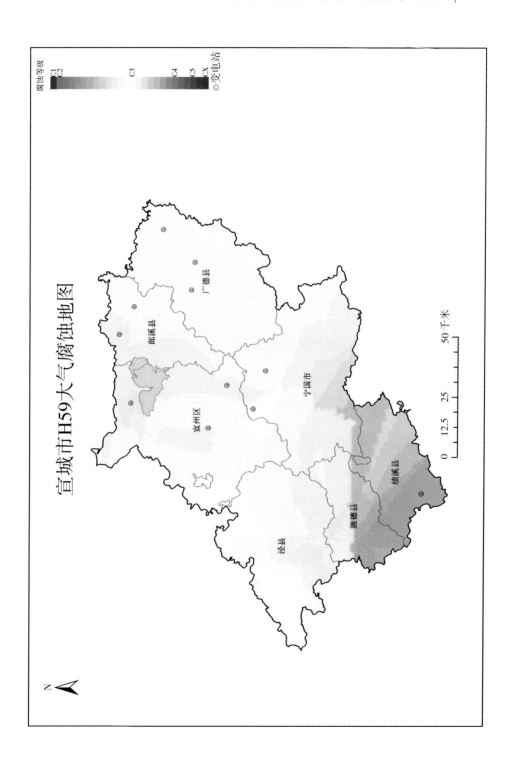

宣城市H59大气腐蚀地图

腐蚀等级
C1
C2
C3
C4
C5
CX
◎变电站

N

0　12.5　25　　50 千米

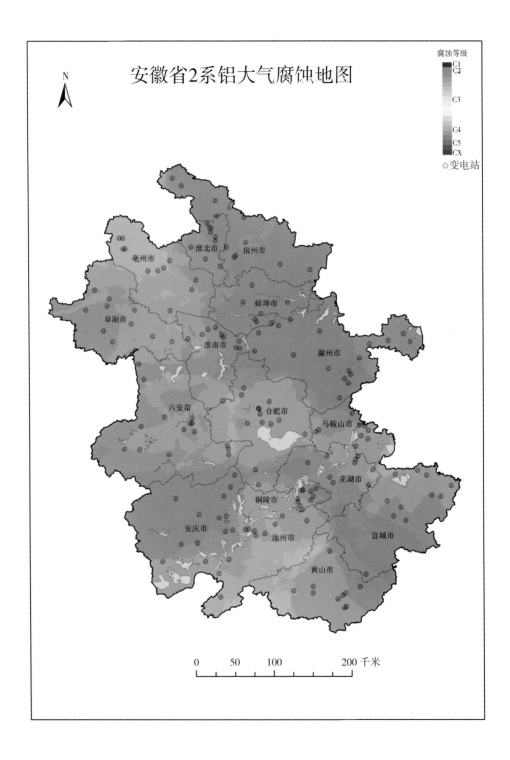

安徽省2系铝大气腐蚀地图

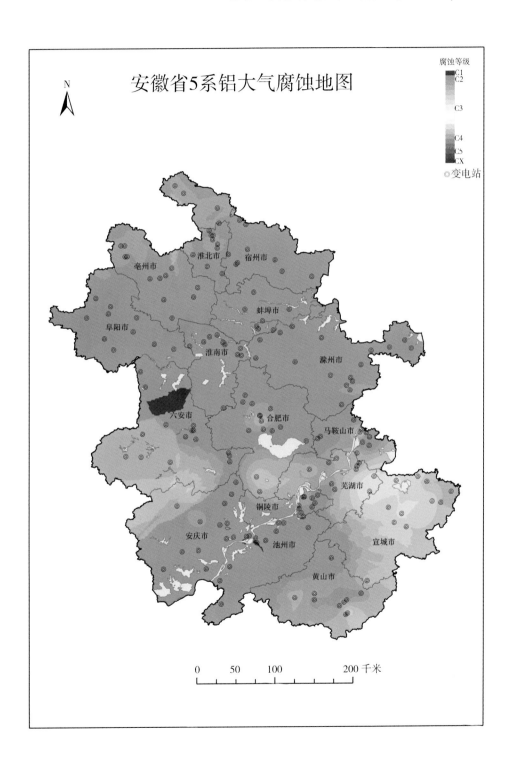

安徽省5系铝大气腐蚀地图